房间的故事

关于房间里物品的有趣问答

刘艳春 吴宇晗 哈冼每 译

 上海科学技术文献出版社

Shanghai Scientific and Technological Literature Press

图书在版编目（CIP）数据

房间的故事：关于房间里物品的有趣问答／（俄罗斯）伊林
著；刘艳春，吴宇晗，哈冼每译．—上海：上海科学技术文献
出版社，2017

（伊林科普经典／张杰主编）

ISBN 978-7-5439-7593-4

Ⅰ.① 房… Ⅱ.①伊…②刘…③吴…④哈… Ⅲ.①照
明—普及读物 Ⅳ.① TU113.6-49

中国版本图书馆 CIP 数据核字（2017）第 274237 号

选题策划：张　树
责任编辑：苏密娅　杨怡君
封面设计：周　婧

房间的故事：关于房间里物品的有趣问答

[俄] 米·伊林　著　刘艳春　吴宇晗　哈冼每　译
出版发行：上海科学技术文献出版社
地　　址：上海市长乐路 746 号
邮政编码：200040
经　　销：全国新华书店
印　　刷：昆山市亭林彩印厂有限公司
开　　本：787×1092　1/32
印　　张：6.875
字　　数：100 000
版　　次：2018 年 1 月第 1 版　2018 年 1 月第 1 次印刷
书　　号：ISBN 978-7-5439-7593-4
定　　价：20.00 元

http://www.sstlp.com

序

　　你们家里每天都生炉子、点煤油灯、煮土豆。

　　可能你非常擅长生炉子或者煮土豆。那么请你来解释一下，为什么木头在炉子里会噼啪作响？为什么烟会进到烟囱里而不是屋子里呢？为什么煤油燃烧的时候会产生黑烟？为什么煎土豆有硬壳，而煮土豆却没有呢？

　　恐怕这一切你无法解释清楚。

　　再或者：为什么水能灭火？

　　我的一个熟人是这样回答的：

　　"水能灭火是因为它又湿又冷"。

　　但是，煤油同样又湿又冷，你试试用它去灭火！

　　当然，你最好不要去尝试，否则的话，你就得呼叫消防员了。

　　你看，问题很简单，但回答起来却不容易。

要不，我再给你列出十二个有关普通事物的小问题吧。

1. 三件衬衫和一件三层厚的衬衫，哪个更保暖？

2. 有空气墙吗？

3. 火焰有影子吗？

4. 为什么水不能燃烧？

5. 水能炸毁房子吗？

6. 为什么生火时炉子里会吱吱作响？

7. 为什么倒啤酒时会发出嘶嘶的声音并且容易起沫？

8. 有透明的铁吗？

9. 为什么面包里有很多小孔？

10. 炉子发热是因为柴火在燃烧。毛皮大衣为什么也能发热？

11. 为什么人们借助湿布来熨烫呢子大衣呢？

12. 为什么在冰上可以滑冰，在地板上却不可以？

很多人不能准确地回答诸如此类的问题。对于身边的物品，我们知之甚少，而且常常是无人可问。

我们可以买到一本关于蒸汽机车或者是关于电话机的书，可是，在哪儿可以找到一本关于烤土豆或者关于炉钩子的书呢？

这样的书可以找到。不过，仅仅为了解答上面所列的十二个问题，就要阅读很多书才行。况且，类似的问题不止十二个，而是十万个。

你房间里的每一样东西都可能是一个谜——

它是用什么材料做成的？如何制作的？又有什么用途？它早就存在了吗？

好比你的餐桌上放着刀和叉，它们永远放在一起，如同兄妹。但是，你是否知道，刀子比叉子至少"年长"五万年？原始人就已经开始使用刀了，当然，不是铁的，而是石头制成的，而叉子则是大约三百年前才开始被使用。

许多人知道电话机和电灯的发明者和发明时间。而如果你问他们：镜子和手帕是否由来已久，人们何

时开始用香皂洗脸，什么时候开始吃土豆，结果会是怎样呢？

很少有人能回答这些问题。

我们总是满怀兴致地阅读那些有关遥远国度的游记，却未曾想到，就在离我们两步之遥，甚至更近的地方，就存在一个未知的、充满惊喜和神秘感的世界，它叫做"我们的房间"。

如果我们想去探究它，我们随时都可以出发。不需

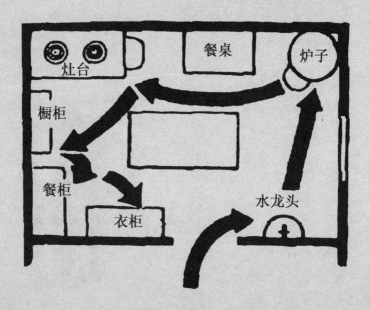

要帐篷、枪支、向导，也不需要旅游地图。

旅途中我们不会迷路。

以下就是我们的停靠站点：

水龙头、炉子、餐桌和灶台、橱柜、餐柜、衣柜、照明。

目　录

房间的故事

第一站　水龙头

人们讲卫生的习惯由来已久吗

如今，没有自来水的城市已经十分少见。我们每个人每天会用掉大约 10 ~ 12 桶水。而在古代，十五到十六世纪，在像巴黎那样的城市里，居民一天也只能消耗 1 桶水。那么请你想一想，人们能否经常洗漱，是否会用大量的水去洗衣服或者清扫房间……

过去人们用水很少，这不足为奇，因为当时还没有自来水。通常，在广场上挖有水井，人们需要用桶去打水，就像如今的一些小城市一样。在水井里经常会出现猫或者老鼠的尸体。

古时不仅缺水，而且人们也不太讲个人卫生。每天

洗漱的习惯是不久前才养成的。

三百年前，甚至连国王们都不认为需要每天洗漱。在法国国王富丽堂皇的寝宫里，你会看到一张很大的床，大到需要用专门的铺床工具——床杖才能把床铺好。你还会看到由四根金灿灿的柱子支撑起来的豪华幔帐，像极了小小的教堂。此外，还有华丽的地毯、威尼斯的镜子、能工巧匠制作的钟表。

但是无论怎么找，你都找不到一个洗手盆。

每天早上，国王会用呈上来的湿毛巾擦拭脸部和双

手。大家认为，这已经足够了。

当时，俄罗斯人比较爱清洁。来到莫斯科的外国人感到十分惊讶的一件事就是，俄罗斯人经常去澡堂洗澡。柯林斯医生写道：

"这里的澡堂经常有人光顾，收入可观，因为宗教信仰要求俄罗斯人去澡堂洗澡。当炉子烧热之后，人们会向炉子上浇冷水。有些人会赤身裸体跑出澡堂，在雪地里打个滚，然后再跑回澡堂。"

我们再回到巴黎。巴黎人很少换洗衣服，一个月换一次，甚至两个月换一次。那个时候，人们关心的不是让衬衫更干净，而是如何让袖口的花边更华贵、胸前的刺绣更精美。

到了晚上，他们便把衬衫和其他衣服一起脱掉，裸着身子睡觉。

到了两百年前，人们才开始经常换洗衣服。

手帕的历史也并不久远，距今大概有两三百年。起初，只有少部分人使用。在那些位高权重、身份显赫的人中间，有人甚至认为手帕是毫无用处的奢侈品。

床顶安置的华丽幔帐与其说是为了美观，不如说是为了防止昆虫从天花板上落下来掉到床上。在古老的宫殿中至今都保存着类似的防臭虫伞盖。那个时候，甚至在皇宫里，臭虫也是潜藏各处，不计其数。

幔帐并不能起到多大的作用。臭虫很容易在幔帐的褶皱里安家。

当时没有排水系统。在巴黎，人们把污水通过窗户直接泼到街上，污水流到马路中间的沟渠里。沟渠发出阵阵臭气，路过的行人都避之不及，苦恼不已。

莫斯科曾经也很肮脏。1867 年在莫斯科铺设燃气管道的时候，发现地下有十五到十六世纪的木头马路的遗迹。这条木头马路的上面堆砌着一尺左右的垃圾，垃圾上面又有一条后来铺设的木头马路，它的表面又是一层垃圾。

古时候的人比现代人更容易生病，这一点不足为奇。当时人们不知道，哪里不卫生，哪里就会传染疾病。曾经发生过满城居民皆死于可怕的鼠疫、天花的情况。十个孩子当中只有一半能活到十岁。大街上的每个角落都能见到因患天花和麻风病而变得丑陋不堪的乞丐。

是什么让我们变得更健康、更强壮？是一个水龙头、一块香皂和一件干净的衬衫。

为什么用水洗手

为什么水能洗去污垢？也许，水只是把污垢冲走了，就像河水冲走了一块薄木片？

那么请你来做一个实验：将脏兮兮的双手放在水龙头下方，它们会因此变得干净吗？

恐怕不会，否则的话，就没人洗手了。当我们洗手时，必须要用一只手去搓另一只手。这是为什么呢？是为了除去污垢。

洗衣服也是同样的道理。

洗衣女工不仅仅是将衣物放到水里，而是要搓洗它们，用手搓，甚至用刷子刷。

洗衣服就是要洗掉衣服上的污渍，就像用橡皮擦掉纸上写的字一样。一旦污渍被洗掉，水就很容易将它们冲走了。

如何让肥皂泡发挥作用

说到这里，我们还忘了一样东西，一个洗衣服时必不可少的东西。

是什么呢？

肥皂。

如果我们洗衣服或者洗手时不用肥皂，那么我们的双手还有衣物就会老洗不干净。肥皂是污垢的天敌。比如说炭黑，它很难清洗。炭黑是极微小的碳颗粒，边角锋利，凹凸不平。

炭黑一旦渗入皮肤深处，就会藏匿在那里，很难被清洗干净。

那么，请你拿一块肥皂，将肥皂仔细涂抹在手上。

肥皂会向炭黑发起攻击，把它们从所有的毛孔和褶皱里拉拽出来，驱赶出去。

肥皂是如何做的呢？

让我们来想一想。

什么样的肥皂洗得更干净，是泡沫多的肥皂，还是几乎不起泡的肥皂？

当然是泡沫较多的肥皂。也就是说，泡沫是问题的关键。

请你仔细观察一下泡沫！它由许多小小的肥皂泡构成，正是这些肥皂泡带走了炭黑。炭黑的分子附着在肥皂泡上，而洗去肥皂泡并不困难。

人为什么要喝水

这是一个非常简单的问题，简单到让你觉得，这是一个没有必要提出的问题。

然而，若是仔细探究，你会发现，多数人不知其中道理。

你可能会说，人渴了要喝水。

那人为什么会渴呢？

因为，水是生命之源。

人离不开水，是因为我们的身体时刻都在消耗水，因此我们必须随时补充水分。

往冰冷的玻璃上哈一口气，玻璃便会蒙上一层水汽，布满小水珠。

这水是从哪儿来的呢？从我们的身体里。

再比如，我们在炎热的天气里会出汗。

这汗水又从何而来呢？还是从同一地方——我们的身体。

既然你不断地消耗、丢失水分，你就需要不断地补充它。

人每天平均消耗12杯水的水分，这就意味着，我们每天需要补充（吃入或者喝入）消耗掉的这些水分。

难道还可以吃入水分吗？

可以。在肉类、蔬菜、面包中，在所有食物中，水的含量要比其他固体物的含量多得多。在肉类中，水含量是固体物的三倍，而黄瓜几乎全部由水构成。

而且，您体内水分所占的比例与一根嫩绿的黄瓜中水分的比例是一样的。如果您体重是40千克，那么35千克是水，其他成分只占5千克。

成年人身体中的水分

含量相对较少，大概占人体体重的四分之三。

您可能会问："那为什么人没有像黏稠的浆液一样流得满地呢?"

问题的关键并不在于人体是由什么构成的，重要的是它是如何构成的。

如果在显微镜下观察一块肉或者一根黄瓜，我们会看见许多充满液体的细胞，这些液体不会从细胞里流出来，因为它们完全被包裹在里边。这就是奥秘所在。

也就是说，水分是我们身体最重要的组成成分。

因此，人不吃东西可以活很久，但不喝水却活不过几天。

水能炸毁房子吗

水似乎不会伤人，但是有的时候，它也可以像炸药一样爆炸。水爆炸的威力是炸药的 20 倍。

曾经发生过这样一起悲剧，一幢五层楼房被水炸掉，导致 23 人死亡。

这起事件发生在很久以前的美国。

它是怎样发生的呢?

这幢楼是一个工厂。楼房底层,在一个锅炉上放置了一口大锅,里面的水量相当于一个大池塘的蓄水量。把锅炉烧热,锅里的水沸腾之后,蒸汽会沿着管道进入蒸汽机中。

有一次,锅炉工一时疏忽没有及时加水。锅中的水所剩无几,而锅炉还在持续加热,大锅的四壁被烧得通红。之后,锅炉工轻率地将水倒入烧得通红的锅中。

如果将水倒在烧得通红的铁块上,你知道会发生什么吗?

水会瞬间变成水蒸气。

此时正是这种情形,所有的水都变成了水蒸气。水蒸气在炉中大量聚集,锅炉无法承受而发生了爆炸。

还有过比这更严重的事件。在德国,有一次,22个锅炉同时爆炸,周围所有建筑物都被毁坏,锅炉的碎片散落到半公里以外的地方。

水蒸气真是个可怕的东西!

你的家里每天都发生着无数次这种气锅爆炸现象,只不过非常微小。当木头在炉子里噼啪作响的时候,就是水使它们发生爆炸。绝对干燥的木头是不存在的，木头中总是含有一些水分。水在高温作用下变成水蒸气，它炸断木柴的木质纤维，并发出噼啪的响声。

固 体 水

固体水，也就是冰，有时也会发生爆炸。

水能炸毁房屋，而冰可以摧毁整座大山。

其过程是这样的：

秋天，水会流入山崖缝隙里，然后在冬天结成冰。但是，冰的体积比水大，在向四周膨胀的冰的作用下，最坚硬的石头也会出现裂缝。

自来水管也会因为同样的原因而爆裂。为了防止这种情况发生，应在冬天为水管采取保暖措施，用毛毡等物把它包裹起来。

为什么不能在地板上滑冰

我问一个小男孩，为什么不能在地板上滑冰？

他答道：

"因为冰又硬又滑，而地板不硬也不滑。"

但是，还有大理石地面嘛。

大理石地面既坚硬又光滑，可在这样的地面上滑冰还是不行。

我们滑冰的时候，冰在冰鞋的压力下开始融化，在冰与冰鞋之间出现一层水。如果没有这层水，在冰上滑行将会和在地板上滑行一样艰难。水就像机器中的机油，它减小了冰鞋与冰之间的摩擦力。

高山冰川的移动也是这个原理。冰川底层在重力的作用下融化，它沿着山坡下滑，就像你们在滑冰场滑冰一样。

有没有不透明的水和透明的铁

任何一个人都会说，水是透明的。而事实上，只有浅水层是透明的。大洋深处一片漆黑，因为太阳光无法穿透整个厚厚的水层。

不仅是水，所有的物质，其表层都是透明的，而深层则不然。

比如，拿一块白色透明的玻璃，从它的侧面观察，玻璃既不是白色的，也不是透明的。

不久前，一位科学家制作了一个厚度为十万分之一毫米的铁片。铁片如玻璃般透明，而且几乎是无色的。将其放在书页上，可以轻松阅读最微小的字体。这位科学家还用黄金和其他金属制作了类似的透明金属片。

第二站 炉 子

人类很早就学会取火了吗

冬日的夜晚，火炉里燃烧的木头发出噼啪声，欢快跳动！当你向火中张望的时候，容易联想起一些惊人的画面：燃烧的城市，被围困的城堡。木头发出的噼啪响声如同炮声齐鸣，而一条条火舌则犹如攀爬城堡围墙的士兵。

古时候，人们认为，在火焰里住着小小的火蜥

蜴——火之精灵。也有人将火奉为神明并且为它建造庙宇。在这些庙堂里，供奉火神的灯盏数百年长燃不灭。

保存火种是世界上最古老的习俗之一。在许多万年以前，人们还不会取火。他们只是寻找火源，就像现在的人们寻找宝石那样。难怪那个时候火种被当作宝物般珍藏。火种一旦熄灭，很难再找到新的火源，因为当时人类还不会自己取火。

有时候会发生闪电点燃树木的情况。人们恐惧地看着燃烧的怪物一点点吞噬大树，树枝断裂发出噼啪的响声，火舌舔舐着树皮。人们不敢靠得太近，又不愿意离开，因为在这寒冷的夜里，在燃烧的树旁，他们感觉既温暖又愉悦。

原始人是非常勇猛的，他们经常要与巨大无比的长毛猛犸象或者力大无比的穴熊进行搏斗。最终，他们的胆子大了，不再害怕靠近即将熄灭的火堆。

我们不知道，是谁第一个敢于拿起燃烧的树枝并把这个奇怪的猎物带回家中。也许，这样做的不只是一个人，而是几个人，在不同的地方。无论如何，最终出现了一些勇敢的、富有创造力的人，他们驯服了火，就像驯服野兽一样。

爱迪生发明了电灯，但是他的发明与这些身体裹在皮毛里、走路足内翻的长臂类人猿的发现相比简直不值一提。要是没有火，如今我们应该同狒狒或者大猩猩一样生活着。

明亮的火焰照亮了原始人居住的岩穴和窑洞。又过了很多很多年，人类才学会了自己取火。

学会了取火，人们便不再担心会失去它。如果风暴或大雨熄灭了火堆，还可以重新燃起它。

但是，在神庙中，火种一直都在燃烧，它提醒人们不要忘记那个不会取火的年代，那个将火种视如稀有珍宝的年代。

尽管很奇怪，但是，最古老的取火方法一直保存至今。

原始人用两根木棍摩擦来取火。

我们取火也是靠摩擦力——火柴与火柴盒的摩擦。

但是两者之间的差别还是存在，而且差别很大。点燃火柴是瞬间的事情，而要点燃一块木头，哪怕是十分干燥的木头，却需要忙活五分钟甚至更长的时间，而且还需要掌握技巧。任何人都能点燃火柴，但是，你尝试用原始人的方法去取火，结果会是怎样？

为什么火柴会燃烧

原始人不像我们现在有各种各样的工具。他们既没有锯，也没有刨子。

他们用尖锐的石头和骨头来代替锯和刨子。用这样的工具劳动十分辛苦，需要长时间地摩擦，以至于木头都会发热，有时候甚至会冒出火星。大概，正是因为如此，原始人才想到可以通过摩擦取火。

想让木头发热直至燃烧起来，需要达到很高的温度，也就是说，需要用两根木棒相互摩擦很长时间。

火柴却完全是另一回事。火柴头是用一种在不太高的温度下就能燃烧的材料制成的。

只要将火柴轻轻触及发热的铁制品，比如烧热的炉子门，火柴就会燃烧起来。

而如果将火柴的另一头触及炉门，它却不会燃烧。

这就是为什么火柴不需要与火柴盒摩擦五分钟的原

因。只要你轻轻一划，它就会燃烧起来。

很早就有火柴了吗

火柴发明的时间不是很长。到 1933 年，世界上第一家火柴厂刚好满一百岁。在那之前，人们都是采用另外一种方法来取火。一百年前，人们不用火柴，而是在兜里揣着一个小匣子，里面装着三样奇怪的物件：一个小钢块、一块石头，还有一块类似海绵的东西。如果你要问：这些是什么？那么，会有人告诉你：钢块就是火镰，石头是火石，而海绵就是火绒。

这一套东西才相当于一根火柴！那么，当时人们是如何取火的呢？看看图中这个穿着五彩长袍，嘴里叼着长烟袋的胖男人吧。他一只手拿着火镰，另一只手里拿着火石和火绒。他用火镰击打火石。毫无结果！再试一次。还是没有结果。又试了一次。火镰喷出了火星，可是火绒没有燃烧起来。终于，在第四次或者第五次尝试的时候，火绒开始燃烧了。

实际上，这就相当于一个打火机。在打火机里也有火石，有钢块，即小齿轮，还有火绒，也就是浸满汽油的油捻子。

靠击打石头取火并非易事。至少，当欧洲旅行者想要教会格陵兰岛上的爱斯基摩人击石取火的时候，他们拒绝了，因为他们认为，自己古老的取火方法更好。他们像原始人一样靠摩擦取火，将一根木棍放在干燥的木头上，然后用绳子旋转木棍。

欧洲人自己也不反对用某种更好的东西来代替火石和火镰。于是，时不时会有形形色色的"化学火镰"被售卖，一个比一个好用。

房间的故事

　　曾经出现过靠触及硫酸而点燃的火柴。还有过带玻璃头的火柴，需要用钳子挤压这个玻璃头，火柴才能燃烧。后来又出现过一套非常复杂的玻璃装置。但是，所有这些点火用具都使用不便，且价格昂贵。

　　这种情况一直持续到含白磷火柴出现为止。

　　白磷是一种稍微加热（不超过 60 摄氏度）就可以燃烧的物质。似乎没有比它更适合做火柴的材料了。但是，即使是含白磷火柴也根本无法与我们现在使用的火柴相比。

　　含白磷火柴具有很强的毒性，更关键的是，它过于易燃。这种火柴只需在墙上，甚至是在靴筒上轻轻一划就可以燃烧起来。它们燃烧时，会伴随着爆炸，火柴头上的物质四处飞散，犹如一枚小型炸弹。燃尽之后，还会散发出二氧化硫的难闻气味，因为在火柴头中除了磷以外，还含有硫，硫在燃烧时会产生二氧化硫。

又过了一些年，终于出现了我们现在使用的安全火柴，又叫"瑞典火柴"。这种火柴的火柴头里面已经完全不含磷，而是由其他可燃物质来替代磷。

为什么水不能燃烧

一些物质在加热到很高温度时可以燃烧，另一些物质稍稍加热就会燃烧，而有些物质根本就不会燃烧。

比如水，它就不会燃烧。

你知道为什么吗？

就像灰烬不会燃烧一样，水本身就是物质燃烧的产物。

什么物质燃烧后会产生水呢？

是氢气，就是用于填充气球和飞艇的气体。现在，人们也开始用另外一种气体——氦气——来填充飞艇了。氦气不会燃烧，因此乘坐氦气飞艇安全可靠。

炉火燃烧时，里面的劈柴哪儿去了

从仓库里抱来一捆沉甸甸的劈柴，哗地一下扔在炉子旁边。都是些结实的木头。屋里弥漫着一股香气，就好像是谁搬进来一棵云杉树。

生起炉子。一二个小时之后，一捆木柴便烧得精光，只在地上留下一摊融化的雪水和炉中一二堆灰烬。

劈柴哪儿去了？

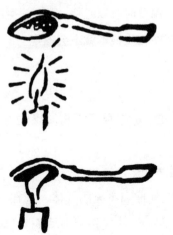

烧尽了。

烧尽是什么意思？

这是一个值得研究的问题。蜡烛也是一样，一边燃烧，一边逐渐消失。那么，它是真的消失了，还是说仅仅是假象？

让我们来做一个实验。准备一把勺子和一根

蜡烛。将勺子放在蜡烛上方。勺子会蒙上一层水雾，布满水珠。水是从哪儿来的？很显然，是蜡烛产生的，别无他物。

接下来，我们擦干勺子并将其放在火苗之上，勺子上会出现一层炭黑。它又是从哪儿来的？同样源自蜡烛。

为什么之前没有发现炭黑呢？

这就好比人们在房子里看不见房梁和钉子一样。只有在失火以后人们才能看到房梁、钉子和砖块。同理，我们只有在制造一个小火灾，即点燃蜡烛的时候，才会注意到炭黑。

可以得出结论，蜡烛燃烧时会产生水和二氧化碳。

那它们去哪儿了呢？

水变成水蒸气蒸发了。当我们把勺子置于火焰上方时，这些水蒸气凝结在了勺子上。

那么碳又去了哪里？

当蜡烛燃烧冒烟的时候，碳变成炭黑，即一些微小的碳颗粒，附着在天花板上、墙壁上，或者是周围其他物体表面。

但是如果蜡烛燃烧充分，没有产生炭黑，就意味着碳完全烧尽了。

烧尽了？

什么叫烧尽？

一切要从头说起。

碳燃尽之后去了哪里？

有两种可能：一种可能是它彻底消失了，另一种可能是它变成了另外一种我们看不到的物质。

我们来尝试抓住这个"隐身人"。为此需要准备两个空罐子和一个蜡烛头。

将蜡烛头插在一根铁丝上，以便顺利将其放入罐中。

在一个杯子里倒入石灰水。

石灰水的制作方法如下：取一些生石灰，放在水中搅拌，

并用滤纸过滤。如所得石灰水浑浊，需要再过滤一次，直至其完全透明。

接下来，我们点燃蜡烛头并小心将其置于空罐子底部。蜡烛会燃烧一会儿，然后熄灭。将蜡烛取出，重新点燃，放回罐中。这一次，蜡烛会立刻熄灭，就好像是把它放在了水里一样。

这说明，在罐子里存在某种阻止蜡烛燃烧的东西。

会是什么呢？要知道罐子看上去是完全空的。

现在，我们来做一个实验。我们将石灰水倒入罐中，水会浑浊，变成白色。而如果我们把石灰水倒入另一个未曾放过蜡烛的空罐中，水依然是透明的。这说明，那个曾经放置过蜡烛头的罐子里，有一种看不见的气体，它使石灰水变浑浊。

科学家们把这种气体叫做"二氧化碳"。研究发现，炭燃烧时会产生二氧化碳气体。

现在我们就可以回答"蜡烛到底去哪儿了？"这个问题了。

起初它变成了炭和水。水挥发掉了，而炭充分燃烧后变成了二氧化碳气体。

木柴燃烧也是同样道理，它也变成了炭和水。炭会燃尽，虽然不是全部，总会有一些没有燃尽的炭留在炉子里。而充分燃烧的炭就变成了二氧化碳，随着水蒸气一起从烟囱溜了出去。冬天从烟囱里冒出的白烟就是水蒸气，它遇冷便会凝结成小水珠。如果烟是黑色的，就说明在炉烟中含有许多未能充分燃烧的炭，即炭黑。

为什么炉子燃烧时会发出响声

冬天，只要一点上炉子，屋子里便会响起"音乐"。炉子又叫又唱，就像乐队里面的长号发出的声音，炉门发出清脆的轰鸣响，犹如有人在击打铜钹。

这些声音从何而来？

想让长号发出声音，必须有人去吹它。

　　那么又是谁在吹炉子，使其发出声音呢？

　　事情是这样的：当我们在炉子里生火的时候，炉里的空气温度会升高。热空气比冷空气轻，它会往上升，而新的冷空气就会进来占据它原来的位置，于是便形成了一股引力，即进入炉子后自下而上的气流。

　　这个原理很容易被验证。在一张明信片的边缘处放一些碎纸片，然后将明信片靠近炉门上的洞孔处，碎纸就会一片接一片地飞进炉子里。

　　是什么把它们吹进炉子里的呢？

　　是从房间流到炉子里的空气。就像河水冲走碎木片一样，气流将碎纸屑带进了炉子里。

　　所以说，没有人吹炉子，是空气自己进入了炉子。

　　那么，当空气被加热时，它们真的会上升么？

　　你可以亲自验证一下。晴天的时候，在窗台上放一根燃烧的蜡烛或者点一盏灯。在窗台上能看到火苗的影子，而在它的上方是晃动的向上升起的空气的投影。火苗永远都是向上，就是因为空气上

房间的故事

升，将火苗带向上方。

现在你是否明白了，为什么要在炉门上开一个小孔？是为了空气流通。

为什么需要空气？

为了能让炉子里的木头燃烧。

如果没有空气，比如在完全封闭的炉子里，木头是不会燃烧的。

气流越大，火便烧得越旺。你可能自己也发现了，当气流越强时，火烧得越猛；当气流很弱时，火苗便摇摇欲灭了。

科学家在实验室里对空气进行了研究。他们发现，空气是各种气体的混合物，其中含量最多的是氮气和氧气。氧气是物质燃烧所必需的。

当木材在炉子里燃烧时，发

生了这样的反应：木柴中的碳与空气中含有的氧气结合形成二氧化碳，而氢气和氧气结合形成了水。

因此，空气在经由炉子和烟囱时，它一直在发生变化。空气中的氧气含量越来越少，但是，它在炉中获得了水和二氧化碳，并把它们带进烟囱。

为什么水能灭火

如果把蜡烛放进水中，蜡烛就会熄灭。这是为什么呢？

因为对于燃烧的蜡烛来说需要的是空气而不是水。水能灭火，这是因为水将空气与燃烧的物体隔离开了。

还有一种方法也可以灭火：蒙上毯子或者盖上一层沙子。毯子或者沙子都可以隔离空气与火源，火便熄灭了。

关于炉子的谜语

请你来猜一下这个谜语：炉子生起不见火，空气进处烟雾出。

这是什么呢？

答案：人。

我们呼吸时，呼进的是空气，呼出的是水和二氧化碳。俨然一个炉子嘛！

这个很容易验证。对着勺子哈一口气，勺子就湿润了，这就是水。然后通过吸管向石灰水中吹气，石灰水变浑浊，这就是二氧化碳。

我们的鼻子就相当于炉门和烟囱。而在我们的身体"炉子"中燃烧的就是我们吃进去的食物。这也是我们身体能够保持温暖的原因。

第三站 餐桌和灶台

厨房实验室

干燥的松枝燃烧着，发出噼啪的响声。欢快的火苗，犹如乡村音乐家一样，让聚集在灶台上的"观众们"也跟着舞动起来：浅蓝色的搪瓷水壶将自己的壶盖，像帽子一样，抛起来，再接住。平底铁锅兴奋得颤动着，发出呲呲的响声。就连大铜锅也一改往日的庄重，跟着来了兴致，将沸水溅了旁边文静的小铁锅一身。

在你们看来，这是厨房，而在我看来，这是一个化学实验室。

就像在化学实验室一样，在这里，一些物质变成另

房间 的故事

外一些物质，变得与原来截然不同。

在这些锅碗瓢盆中总会发生一些不可思议的事情。在一个普通的发面盆中，一小块儿面团开始苏醒，迅速膨胀，最后大得超出了盆的边缘。

一小块肉放入锅中，经过个把小时后，它完全变了模样：肉的纤维变得松散，勉强还连在一起，颜色也从红色变成了灰色。本来又硬又实的土豆，开始变得软糯。这些奇迹的缔造者不是某位化学家，而是一名最最普通的、系着围裙、挽着袖子的家庭主妇。

这个围着锅台忙碌的主妇，很多时候并不清楚，在她的锅碗瓢盆中都发生了什么。比如，她知道在煮土豆的时候发生了什么吗?

土豆是什么

土豆是什么? 似乎所有人都知道。

其实不然。并非人人都懂。

比如, 你知道土豆是由什么构成的吗?

如果你不知道, 那么来做一个实验吧。

将一个生土豆研成碎末, 放在瓶中, 加水搅拌, 用纱布过滤后静止使其沉淀。

在瓶底会出现一层白色沉淀物。将水倒出, 把白色沉淀物放在滤纸上, 使其变干。

你会得到一些白色粉末。

这是什么呢?

这是淀粉, 主妇们又称之为土豆粉。

土豆中含有大量的淀粉。但是为什么我们看不到呢?

因为土豆中含有的淀粉颗粒都藏在小小的储藏室中, 也就是细胞中。

为什么不能生吃土豆

得到淀粉并不容易。为了提取淀粉, 我们需要用擦菜板将土豆擦碎。然而, 人的胃里可没有擦板, 它没有办法完成这样的工作。

这就是没有人吃生土豆的原因。煮土豆时, 土豆的细胞壁受热裂开, 水分得以渗透到淀粉粒中, 因此, 淀粉粒变得膨胀从而松软起来。

蒸土豆很干, 那是因为所有水分都被锁在淀粉粒中了。

为什么煎土豆有硬壳, 而煮土豆没有呢

煎土豆的受热温度要比煮土豆的温度高很多。在高温作用下, 土豆表面的淀粉转化成糊精, 它是一种糯

糊，将淀粉粒粘连在一起形成焦黄的外壳。

糊精做成的糨糊，可能你不止一次使用过，虽然当时你并不知道它是用什么东西制成的。这种糨糊还被用来粘贴药瓶上的标签。

为什么浆过的衣物很硬

当我们用熨斗熨烫浆过的衣物时，淀粉在高温的作用下变成了糊精。衣服的表面就形成了一种硬壳，就像煎土豆表面一样。

因此浆过的衣领会硬得扎脖子。

面包的硬壳从何而来

普通面粉中也含有淀粉。因此，当烤制面包时，面包表面会形成一层硬壳。

面粉里真的含有淀粉吗？是不是我在骗你？如果你能亲自试验一下，那就再好不过了。

将一小块面团用一块滤布包裹住，放在装有水的容器中不断挤压、洗涮。

水会变成奶白色。搁置一会，我们会发现，在底部有一层沉淀物，和我们在土豆中得到的物质一样。

这说明，面粉中含有淀粉是真的。

为什么面包会变硬

将一小袋面粉置于水龙头下方，不断冲洗直到去除全部淀粉。袋中剩下的黏稠且有弹性的团状物，叫做面筋。

面筋有一个特性：将其静置两三个小时，它会变得像玻璃一样坚硬易碎。

这就是为什么面包会变硬的原因：是它里面的面筋变得酥脆、坚硬。

为什么放了酵母的面团会膨胀起来

这就像橡皮球充气会膨胀一样。

只是在面团中的不是橡胶，而是黏黏的面筋，不是空气，而是二氧化碳。

当你们家准备发面做面包的时候，你可以拿一小块面团放在一个瓶子里，用东西盖上。第二天打开瓶口，放入一根燃烧的火柴。

火柴会立即熄灭。这是为什么？

因为瓶中有二氧化碳。

放入了酵母的面团中会出现大量的二氧化碳气泡，正是这些气泡将面团鼓得像小山一样。

二氧化碳从何而来？

源于酵母，每一个酵母菌都是一个生产二氧化碳的小型工厂。

为什么面包里面有很多小孔

面团放入烤箱后，面筋受热会变干，变得松散。一直禁锢二氧化碳的气囊便会破裂，将气体释放出去。

因此，面包变得松软、多孔。每一个小孔都是二氧化碳气泡留下的。

白面包的化学旅程

现在我给你们讲一讲白面包的故事。

一个主妇打算烤制白面包。她在盆中倒入水，放入酵母、盐，然后加入面粉。她高高地挽起袖子，开始和面。面筋很快把松散的面粉粘连起来，变成一个柔软的面团。主妇盖好面盆，把它放在一个温暖的地方。

这时候好戏开演了。面团里的酵母立刻开始从事自己最拿手的工作——制造二氧化碳。

如果面团中没有面筋的话，二氧化碳会迅速挥发。黏稠而又富有弹性的面筋能够锁住二氧化碳。无论它多么努力地想要挣脱出来，无论它把自己的牢笼捣鼓得多大，它都没有办法冲破这个韧性十足的面筋做成的囊。

面团"醒了"，开始活跃起来，胀得越来越高，仿佛要从盆中挣脱出来。

面团被放入烤箱，在这里它会发生很多变化。

在面包的表面，受热温度最高的地方，淀粉会变成糊精，从而形成硬硬的外壳。在面包的内部，淀粉会膨胀，就像煮土豆那样，变得松软。

面筋慢慢变干、开裂，释放出二氧化碳气体。

最后，这新鲜出炉的烤面包便香气四溢了。

为什么倒啤酒时会嘶嘶作响并且起沫呢

啤酒是怎么制成的？

在水中放入发芽的大麦粒或者小麦粒，加入酵母。酵母开始发挥作用，使麦粒产生二氧化碳气体。

在啤酒中升腾的气泡和啤酒沫就是二氧化碳气泡。

汤是什么

许多人认为，高汤的营养很丰富。而实际上，高汤中所含有的营养成分并不比清水多多少。

一碗汤里有 19 勺是水，只有 1 勺是其他物质。

如果把高汤放在灶台上熬煮，让所有水分都挥发掉，那么，锅底就几乎不剩什么东西了。

要是把一碗高汤拿到实验室做分析，会得到这样的结果：除了 19 勺水以

外，在这碗汤中还有 1/4 勺油脂、1/4 勺胶质物，少量的盐（不只是普通的盐，还有其他盐类）。剩下的就是香味物质，它是肉类中含有的、使其变得美味的，并且在煮制过程中溶于水的物质。

不仅在汤中，在我们所有的食物中，水分含量都比我们感觉的要多得多。

蔬菜含水极多，如果做脱水处理，它们会变得像羽毛一样轻。在一公斤肉类中，水的含量为 700 克左右。土豆也是如此。

在巴巴宁出发去北极之前，他来到公共营养研究所，请求为他和他的同事们准备足够一年半食用又几乎没有任何重量的食物。

研究所为他们准备了数吨肉类、蔬菜和水果，无数锅红菜汤和蔬菜汤，全部去除水分。脱了水的食品变得轻如羽毛，它们被分别装在几十个铁罐子里。

我们为什么要吃肉

说完汤，我们再来讲一讲肉。如果我们对肉类进行一下分析化验，就会发现，肉和汤一样，含有水、香味物质和盐。除此之外，肉类中含有蛋白质，而蛋白质在汤中的含量极少。

炖肉的时候，部分蛋白质会凝结，变成沫子浮在表面。主妇们为了使汤看起来更美观，会用勺子将浮沫撇去。其实完全没有必要这么做，因为肉类蛋白营养相当丰富。

人类离不开蛋白质，因为我们的肌肉，就像牛肉一样，几乎全部都是由水和蛋白质构成的。

如果我们吃的食物含有丰富的脂肪、糖分、淀粉，但是不含有蛋白质，那么我们早晚会因为身体建筑材料不足而死亡。

但是只摄取蛋白质，比如只吃肉，也是不行的。如果我们只吃肉类，就需要一天食用两到三千克，这种吃法，即使最健康的肠胃也承受不了。

所以，我们既需要脂肪，需要碳水化合物，也需要蛋白质。它们是我们身体的燃料，为身体提供热量，让身体这台机器正常运转，同时，它们也是构成我们身体的"建筑材料"。

人造食品

我们可以精确地计算出人到底需要多少蛋白质、脂肪、碳水化合物和盐类。如果那样的话，是否可以制造出由这些物质混合而成的人造食品呢？比如人造牛奶、人造面包、人造肉。

很多年前，俄罗斯科学家鲁宁尝试配制人造牛奶。他按照牛奶中的成分含量，将脂肪、蛋白质、碳水化合物、盐类和水混合在一起。制成的人造牛奶无论外观还是味道都与真正的牛奶毫无差异。为了验证实验结果，鲁宁把牛奶喂给小白鼠食用。

结果怎么样呢？

食用人造牛奶的小白鼠全部死亡，而食用真正牛奶的小白鼠健康地活着。

很显然，除了脂肪、碳水化合物、蛋白质和盐类以外，真正的牛奶中含有某种非常重要的、在人造牛奶中所没有的物质。

人们开始用化学分析的方法来寻找这种物质，但是

房间 的故事

无论如何也捕捉不到，看来这种物质在牛奶中的含量极少。

类似的实验在其他国家也进行过。科学家们制造各种各样的人造食品，将它们喂给动物食用。得出的结果如出一辙：这些动物都死于人造食品，因为这些食品里面缺少某些生命所必需的物质。

我们可以回忆一下，人类也时常发生因为食物中缺少某种生命的必需物质而死亡的事件。

自古以来人们就知道，人会因为摄取新鲜蔬菜和水果不足而生病或者死亡。这种情况尤其经常发生在长途跋涉的时候。

曾几何时，去往远隔重洋的国度需要长达数月的航行，船员们只能食用单一的腌肉和面包干。

阻碍船只前行的往往不是暴风雨，也不是海盗，而是坏血病。坏血病差点让著名航海家瓦斯科·达·伽马无法完成航行：160 人的团队中有 100 人死于坏血病。

然而，另一个航海家科克则帮助他的团队幸免于难。每有合适机会，船只都会靠岸，补给新鲜蔬菜。

洋葱和白菜、橙子和柠檬帮助科克完成了这次环球航行。

由此可见，蔬菜和水果中含有某种维持生命所必需的重要物质。

很难谈论一个没有名字的物质。但是，当我们要给某种神秘、未知的事物命名的时候，工作往往已经完成了一半。这件事也不例外。当科学家们论说新鲜牛奶和蔬菜具有神秘保健作用时，事情还只是在原地踏步。可是，当一名科学家提出要将这种蕴含在牛奶和蔬菜中的"某种物质"命名为"维生素"时，研究工作就开始迈步向前了。

全世界的科学家都开始着手实验。在三十年的时间里做过的实验有几万个。

如今已经发现了几种维生素。维生素 A 有助于生长发育，维生素 B 能够预防佝偻病，维生素 C 能够防患坏血病。

当你服用鱼油的时候，你要记得，每一勺鱼油都会让你的骨骼更强韧，让你的肌肉更有力，因为鱼油中含有维生素 B。

当你喝牛奶的时候，你要记住，每一杯牛奶中都含有促进生长发育的维生素 A。

而苹果或者橙子可以使你远离坏血病，甩掉萎靡不振和虚弱无力。

现在对维生素感兴趣的不只有科学家，还有营养师。一些数据被展示出来。根据这些数据可以知道，大头菜的维生素含量比生菜的维生素含量高多少，牛奶中的维生素含量比黄油中的少多少。一些维生素已经可以人工合成了。

已经出现人工合成的维生素 D，1 克维生素 D 可以替代半吨鱼油。人工合成的维生素 C 相比天然维生素 C 来说要更好一些，因为它不会因煮炖和煎炒而受到破坏。

我认为，随着时代的发展，将会出现人造食品加工厂，就像现在的人造丝绸厂和人造橡胶厂一样。

在餐厅里，你可以点一份在实验室配制的肉饼和一杯人造牛奶。

不过，人造食品未必要像牛奶和肉类一样。

一些复合营养食品将会生产出来，它们会含有人体必需的所有物质。

　　只需看一下标签，就能知道每克食物中含有多少蛋白质、脂肪、碳水化合物、盐类、维生素和香味物质。到那个时候，你会一边看着标签，一边笑着想起那些人们不知盘中之餐到底为何物的时代了。

瓶中午餐

　　或许，这世界上最神奇的食物就是动物用来喂养自己幼崽的乳汁了。

　　乳汁中的营养物质有助于肌肉、皮肤、毛发、骨骼、爪子、牙齿的形成。它可以让一只无助的狮子幼崽变成一头威震四方的猛兽。巨大的鲸鱼，和身形小巧的江豚一样，也依靠吸吮乳汁而长大。

　　乳汁中含有幼崽所需要的所有物质：水、脂肪、糖分、蛋白质、盐类和维生素。

　　许多微小的油滴漂浮在牛奶里面。因为油脂比水轻，它们会浮在牛奶表层，形成一层奶油。

　　搅拌奶油，就会得到黄油，也就是油滴在外力作用下聚集在一起并脱去水分。

你自己将奶油放在密封瓶中，长时间摇晃，也可以制出黄油。

为什么牛奶会变酸

牛奶放置一二天，就会变酸。但是我们可以不用两天，只用两秒，就能让其发酸，变成奶渣。为此，应该在牛奶中加入少量的醋，这样奶渣很快就会形成。

奶渣是一种酪蛋白，是牛奶中的蛋白质。像糖溶于水一样，它会溶解在牛奶中。但是，只要在牛奶中加入酸性物质，酪蛋白就会连同油脂一起分离出来。

但是，没人会在牛奶中添加酸物，那为什么牛奶还是会变酸呢？

罪魁祸首就是类似于酵母的微小菌类，它们时刻存在于空气之中。进入牛奶之后，它们便开始工作，将乳糖转化成为乳酸，而牛奶就会因乳酸而变成奶渣。

防止牛奶变质，可以将其煮沸。煮沸过程中乳酸菌会失去活性。

有时牛奶也会在煮沸的过程中变成奶渣，这是因为牛奶中含有的乳酸菌已经发挥作用，生成了乳酸。

为什么奶酪上会有小窟窿

如果将奶渣放在窖中继续存放，乳酸菌会持续发挥作用，最后奶渣就会变成奶酪。

奶酪上的小窟窿和面包里的小孔一样，都是由二氧化碳作用引起的。

那么二氧化碳是从哪里来的呢？

是由乳酸菌释放出来的。

为什么奶酪长时间不会变质

因为奶酪表面覆盖着一层硬壳，这层硬壳会防止奶酪变干并且能够防止有害菌的侵入。

据说，在瑞士有这样一个习俗：在孩子出生当天制作一个大奶酪，上面写上新生儿的名字以及出生日期。

每逢重大节日，这个奶酪都会被摆上餐桌。它伴随主人一生，从出生到去世。弥留之际，奶酪主人会把它留给自己的子女。

　　瑞士的报纸曾报道过一块已有 120 年历史的奶酪。这个"老古董"在不久前才被切分吃掉，竟然非常好吃。

古人吃什么

　　很久以前，人们还不会种植庄稼，主要靠吃肉为生。他们不仅吃猎杀的飞禽走兽，甚至还会吃战争中捕获的俘虏。就在一百多年前，一个非洲部落的勇士们还

会一边战斗一边高喊："吃肉！吃肉！"

　　在连连败退的敌人听来，这种喊声是多么恐怖啊！

　　一位前往北美的移民向我们

讲述说，当印第安猎手看到白人的庄稼地时是如何的震惊。一个印第  安部落的酋长对他部落的成员这样说道：

"白人比我们强大，是因为他们吃谷物，而我们吃肉。要知道，肉的数量很少，动物需要好几年才能长大，而被白人种到地里的每一粒神奇的谷物，仅仅经过几个月，就会和其他一百粒谷物一起又回到白人手里。我们所吃的猎物，都有四条腿，见我们就逃跑，而我们只能用两条腿去追赶它们。谷物却老老实实地待在自己被种植的地方，苗壮生长。冬天，我们一连数日在森林里打猎，常被冻僵，而白人只需待在家里休息。我现在告诉你们每一个愿意听我说话的人：在我们领地上生长的树木倒下之前，那些以吃谷物为生的人就会打败那些靠吃肉为生的人。"

很难说，第一粒粮食是什么时候被人种到地里的，在古埃及金字塔中已经发现了用石头碾碎谷物的壁画。

房间 的故事

我们现在所吃的面包，起初几乎不像面包，那是用碎谷物和水搅拌之后做成的黏稠的粥。

有时，粥变干了，这些干燥的粥块就成为当时人们的面包。

现在，在东方一些国家，还有人用这种未发酵的面团来制作玉米圆饼。

这种黏稠的粥时常会变酸，也因此变得更加松软。

那些最早想到将变酸的粥与新磨碎的谷物搅拌在一起的人，应该就是面包的发明者了。

粥为什么会变酸呢？

那是因为空气中的乳酸菌和酵母菌进到了粥里。空气中带有各种微生物菌类，其中也包括乳酸菌和酵母菌。直到现在还有些面包师在烤制面包时不加酵母，而是使用发酸的面团作引子。

又过去了很多年，人们才学会耕种，烤制面包。二百年前，中产阶级才吃得上的那种面包，若拿到今天，没有人会愿意吃。

最最普通的土豆曾经连富人都吃不到。

土豆在欧洲出现的时间并不长，它来自遥远的南美洲。十六世纪的时候，它与其他各种海外奇珍异宝一起被带到欧洲。最初，土豆不是被种在地里，而是种在稀有植物收藏者的花盆里。

十八世纪末，土豆还是新鲜物种。法国女王将土豆花别在胸前，煮土豆也只能在国王的餐桌上看到。

如今的土豆已经不再是海外珍品，它已经在欧洲扎根安家。

我们喝咖啡和喝茶的历史久远吗

"饭中喝酒，饭后吃蜜。"

十七世纪游历到莫斯科的旅行家坎普弗尔如是写道。

房间的故事

当时，在俄罗斯，咖啡和茶叶还未曾有闻，既没有茶壶、茶炊，也没有咖啡壶。

1610 年，茶叶首次被带入欧洲，是荷兰商人从遥远的爪哇岛上带回来的。照例，商人们开始吹嘘自己的商品，他们将茶叶称为神奇之草，建议人们每天喝 40 杯到 50 杯，无论昼夜。一位荷兰医生针对所有疾病开出的药方都是喝茶。

而实际上茶叶并不是一种草，它是由茶树的叶子制成。此外，茶叶也不是药材，浓茶甚至有损健康。

起初，只有富人才喝茶，因为那时茶叶非常昂贵。

继茶叶之后，又出现了咖啡。曾经去过土耳其和埃及的法国商人早就说过，当地有一种神奇的树。土耳其人用这种树的种子制成饮料，叫做"考瓦"抑或是"咔发"。在当地酒馆里，人们都喝这种饮料来替代葡萄酒。它可以驱除烦闷，增强胃功能，让人变得更强壮、更健康。

很快咖啡就出现在法国国王宴客的餐桌上。紧接着，各位公爵开始效仿国王，之后是伯爵和子爵，在这些有爵位的贵族之后是没有爵位的贵族以及商人、医生和律师。随后，咖啡馆如雨后春笋般出现，人们整天流连在那里。宫廷所接受的东西往往很快会变成一种时尚。

不过也有人反对喝咖啡。一些人认为，天主教徒不应该喝土耳其的咖啡。还有一些人认定，科尔伯特部长是想毁掉他们的胃。他们认为咖啡让人短命，会使人胃绞痛、心情不佳甚至引发胃脓肿。

一位公主直言不讳地说，她无论如何也不会喝这种被她称为"炭黑水"的咖啡。相比于这些"洋饮料"，她更喜欢喝陈酿啤酒。

我们可以准确地说出，咖啡和茶叶究竟何时开始出现在我们的周围。1665年，塞缪尔·柯林斯医生在给

房间的故事

沙皇阿列克谢·米哈伊洛维奇开出的药方中写道：

> "咖啡为波斯人和土耳其人所熟悉，并常于饭后饮用。茶叶是一种良药，能消肿胀，治疗伤风和头痛。"

巧克力比咖啡更加饱受争议。有人说，巧克力不应该给人吃，而应该用来喂猪，说它会烧坏血液，甚至致人死亡。

事实上，著名航海家科尔特斯从墨西哥带回来的巧克力和现在的巧克力截然不同。墨西哥人用可可粉、玉米粉和胡椒粉混合制成巧克力，而且不加任何糖。直到后来才按照现在的方法制作巧克力。为此要将可可豆磨制成粉，与糖、香草和其他芳香剂混合，然后压制成形。

在这些有关茶、咖啡和巧克力的争论中，到底谁是正确的呢？

茶和咖啡没有营养，除此之外，它们还含有损害心脏和神经系统的物质。巧克力和可可却完全是另一回事，尤其是巧克力，它含有丰富的脂肪和蛋白质。

难怪前往极地国家的旅行者都要带上大量的巧克力。

可可的营养含量比巧克力要少一些。它是这样制成的：将可可豆研磨成粉，炒一下，然后将粉末中的油脂榨出。

因此，可可中的油脂含量要少于巧克力中的油脂含量。

古人怎么吃饭

在国王和公爵的餐桌上从未缺少过贵重的金银餐具。

可以说是应有尽有啊！但是，唯独缺少一样东西，即一把最普通不过的叉子。那个时候，人们还在用手吃饭，总是随意地将五根手指伸进大家共同食用的菜肴里。

而且那个年代餐刀也很匮乏，一张桌子只有两三把餐刀，所以总是不得不麻烦坐在旁边的人帮忙把刀递过来。没有盘子，人们用大片的面包来替代，用餐之后，他们把这些"盘子"浇上肉汤，扔给狗吃。

盘子和叉子距今三百年前才出现，而且当时并不是家家户户都能拥有，它们是宫廷贵族的奢侈品。

下面让我们一同穿越到十四世纪或是十五世纪，来到一座骑士城堡，看看那里正在准备开始用餐的人们。

　　高大的石阶通往昏暗的带有拱形屋顶的大厅，厅内燃着火把，火光微弱。窗户上都挡着护窗板，尽管外面还是白天。正值冬季，需要保暖，因为那个时候还没有玻璃窗户。

　　虽说这是餐厅，但是，我们并未看到常见的餐桌。在即将开饭的时候，会有人搬来，更确切地说，是布置出一张餐桌来。

看，仆人们出现了。他们上身穿着绿色的家织呢坎肩，下面配着黄色的长筒袜，脚上穿着红色尖头皮鞋。他们一会儿便支好支架，上面放上木板，铺上白色桌布。桌布上绣着鹿、狗以及吹着号角的猎人。

桌上放上盐瓶、面包做成的盘子，还有两把餐刀。剩下的就是将长椅挪到餐桌旁边，然后请客人入席。

一群老爷说笑着蜂拥而入。城堡主人、他的儿子们，还有宾客们，也就是住在附近的地主，刚刚打猎回来。他们身材魁梧、蓄着大胡子，满面通红。

主人的两只

爱犬也随着人们跑入大厅。这是两只凶猛的野兽，只要主人一声令下，它们就能将人撕得粉碎。

最后进来的是女主人，她之前一直在张罗忙碌着。一群人围坐在桌边，大家都胃口大开。负责上肉的仆人从位于院中的厨房里端来一大份热气腾腾的熊肉。他将熊肉切分成块，放到桌上的餐刀旁。肉上撒了许多胡椒粉，吃起来辛辣刺激。

一刻钟的工夫，四分之一的熊肉就被一扫而光。之后端上来的是半只野猪肉，同样浇上了辛辣的调味汁，还有烤全鹿、天鹅肉、孔雀肉以及各种各样的鱼。在每一个人面前的桌布上，都堆满了鱼刺和骨头。桌子下边也在忙活着：两只狗一边啃着人们丢给它们的骨头，一边相互发出呜呜的叫声。

这顿饭吃了很久，大家品尝了许多山珍海味。在这个地方，吃喝是最主要的消遣方式。仆人们忙不迭地端上一道又一道新菜：烤馅饼、苹果、坚果、蜜糖饼干。席间喝掉的葡萄酒和蜂蜜差不多有好几桶。

如果在宴席接近尾声的时候，某位客人瘫倒在地，然后在嘈杂的喧闹声、说笑声以及犬吠声中开始鼾声如雷，没人会觉得奇怪。

英国的第一把叉子

1608 年，一位英国人游历了意大利，他的名字叫做托马斯·库里亚特。在旅行中，他将所见所闻都记录在他的日记中。在日记里，他描绘了富丽堂皇的威尼斯水城宫殿、绝美的古罗马大理石神庙以及威严雄伟的维苏威火山。但是，有一样东西比维苏威火山和威尼斯的宫殿更让库里亚特吃惊。他在日记中这样写道：

"意大利人吃肉的时候，他们会使用一种铁质或者钢质的小叉子，也有一些银质的。你无论如何也无法让意大利人用手吃饭，他们认为用手吃饭是不妥的，因为并非所有人的手都很干净。"

动身回国之前，库里亚特买了一些这样的叉子。他买的叉子和我们现在使用的叉子有很大的不同。这种

叉子只有两个齿，叉柄很小，尾部带有装饰小球。总体来看，这个物件更像一个音叉，而不是吃饭的叉子。

回家以后，库里亚特打算在亲朋好友们面前炫耀一下自己买的新玩意。在一次宴席上，他从口袋里掏出叉子，像意大利人那样吃了起来。

所有人的目光都投向他。当他解释完他手里拿着的新玩意是什么的时候，所有人都想仔细看看这个意大利人的吃饭工具。叉子在桌上传了一圈，女士们对其精致的做工啧啧称叹，男士们则惊讶于意大利人的发明创造力。但是所有人一致认为：意大利人真奇怪，用叉子吃饭真的很不方便。

托马斯·库里亚特尝试去争辩，想向大家证明，直接用手去抓肉吃并不好，因为不是所有人的手都干净。这犯了众怒："难道库里亚特先生认为，英国人吃饭前都不洗手吗？难道我们与生俱来的十根手指不够用，还需要再加上两根人造手指吗？那就让他当众试试，用这怪模怪样的叉子吃饭会怎样。"

库里亚特想要显示一下自己的水平。但是，他从菜里叉起的第一块肉就啪的一声从叉子上掉到了桌布上。于是嘲笑声、戏谑声四处传来。可怜的库里亚特先生只好将叉子收回到自己的口袋中。

又过了大约五十年的时间，叉子才在英国流行起来。

关于人类如何学会取火、谁是第一个铁匠等等，都存在着各种各样的传说和故事。而关于人们为什么开始用叉子吃饭，也有一个传说。

相传，人们开始穿大花边衣领的时候，叉子就被发明出来。这种领子妨碍吃饭，因为它托起下巴，导致不能随意低头，就好像将脑袋放在一个大盘子上一样。穿着这样的衣服吃饭，用叉子比用手更方便。

这或许只是个传说。应当说，

房间的故事

叉子出现于人们开始换洗衣物、经常洗手的时候，换句话说，就是人们开始更讲卫生的时候。

几乎与叉子同时，盘子和餐巾也开始被使用。它们出现在俄罗斯的时间是十七世纪末。旅行家梅耶贝尔格这样写道：

"吃饭的时候，每位客人面前都会摆好勺子和面包，而盘子、餐巾、刀叉却只提供给最尊贵的客人。"

第四站　橱　柜

七件物品—— 七个谜

我们沿着从水龙头到炉子、从炉子到餐桌的线路漫游，如果你还未感觉疲倦的话，那么我们现在就出发去第四站——橱柜。

像所有旅行家一样，我们将这里浏览一遍，然后将我们的所见所闻记录到"游记"中。

两个铜锅、一个糖果盒子、一把洋铁壶、一个瓦罐、一口手提锅，还有一口大白锅。

这就是橱柜上摆放的所有东西。七件物品，七个谜。

"谜?"你可能会问。"难道一口锅、一个瓦罐也算

是谜吗？"

　　当然是谜。

　　比如，你说这两口锅是铜的，但是为什么它们的颜色不一样呢？一个红色，一个黄色。为什么两口锅里边都是白色？你认为有这三种颜色的铜吗，白铜、红铜和黄铜？

　　或者，请你告诉我：有两口锅，一大一小，它们的锅壁和锅底一样厚，小锅有可能比大锅重么？你会说：不可能。那么请你拿起大白锅，它有铁锅的三倍大，但是重量却更轻。这是为什么呢？因为它是用轻金属——铝制成的。

　　在大锅旁边的瓦罐看起来其貌不扬又做工粗糙，但它与大锅却是近亲。

为什么说它们是亲戚呢？

还有这把水壶和这个糖果盒。它们都是用马口铁制成的。什么是马口铁？马口铁和铁又有什么区别？

还有手拎铁锅。你觉得它能被敲碎么？好像不能。生铁又不是玻璃。但实际上是可以的，只要你用锤子用力去敲。

你看，就像我们说的，每一个物件，都是一个谜。

为什么不同物品用不同材料制成

这七件东西分别由不同材料制成。那么，为什么不能用同一种材料制作呢？有时是可以的：比如拎锅可以用生铁或者是铜来制作，水壶有铜的或者是马口铁的。但是你听说过生铁或者是马口铁做成的火钩子吗？当然没有。马口铁做成的火钩子很容易弯曲，而生铁做成的火钩子在敲打炉壁时会断掉。

不同的材料有自己不同的特点和属性。有的怕酸，有的怕水，有的需要轻拿轻放，而有的则不怕磕也不怕碰。制作物品的时候，我们需要先弄清楚，它将会经历怎样的"生活"：是会静静地放在那里，还是从第一天起就会被用来敲敲打打，它是否要经常和水或者是酸打交道，然后再据此来选择材料制作。

什么材料最结实也最不结实

我们都认为铁是最结实、最坚固的材料。难怪规模宏大的桥梁和火车站几乎全部用铁去建造。但是，这种最结实的材料同时也是最不结实的。巨大的铁路桥在几百节车厢的重压下也不会弯曲，但是它却害怕潮湿、雨水和雾气。空气湿度越大，铁生锈腐蚀的速度就越快。铁锈是一种疾病，它会在你不知不觉间毁掉最最结实的铁质建筑物。

这正是为什么古代铁质品很少保存至今的原因。我们能够看到属于某个古埃及法老的金镯子或者是宝石戒指，但却很难找到属于他某个臣民的一把铁质镰刀。或许，千百年以后，我们现在的铁质建筑也会踪迹难觅，荡然无存。

这种可怕的"疾病"是什么？难道没有办法防治吗？

铁为什么会生锈

如果洗过的铁质刀叉没有擦净，会发生什么呢？

主妇们都知道，会生锈。

这就说明，导致铁生锈的原因是潮湿。

有一次，潜水员们偶然发现一艘沉船，它在海底已经躺了150年。在船上他们发现了几枚炮弹。炮弹锈迹斑斑，腐蚀严重，甚至用刀就可以切开。你看，水的威力多么巨大！

那么，该如何防止铁器受潮生锈呢？

保持干燥？

可是，有些东西，你是不可能让它们永远保持干燥的。水壶、澡盆、水桶经常是湿漉漉的。而铁质屋顶则更难保持干燥，因为我们不可能在雨后拿毛巾去擦干它。

况且，在干燥的天气里，铁依然会生锈，只是速度比较缓慢，因为在空气中永远含有水分。空气能吹干任何东西，但是，它本身却并不干燥。它贪婪地从各处吸收水分：从刚刚擦过的地板上，从洗完晾晒的湿床单里，或者是从雨后留下的水洼里。

防止铁器生锈的方法是在铁制品表面刷上一层物质，使其不接触潮气：可以给铁制品刷上一层液态油，比如葵花籽油。油可以将铁与水隔离，使其不易生锈。

但是，人们通常采用另一种方法，用油性涂料来代替油，就是加入了干性熟油的涂料。相比于生油来说，熟油更易干。铁器表面的油性涂料干后会变硬，这层硬硬的保护层与液态油相比，更持久，更有效。

这种方法同样适用于屋顶铁皮，甚至水桶。但是，没有人会去涂刷水壶，因为涂料在烧水过程中会很快脱落。那么水壶应该如何防止生锈呢？

为什么马口铁不像普通铁那样容易生锈

铁和巧克力有一个相像的地方。巧克力表面会包上一层薄薄的锡纸，以防止其受潮变质，同样，铁的表面也经常被镀上锡，以防止其生锈，于是就有了好看的白色马口铁。马口铁经常用来制作糖罐、罐头盒，还有廉价水壶等。

锡可以很好地保护铁器不受潮，更重要的是防酸。酸对铁的腐蚀要比潮气更严重。刚切完柠檬的铁刀很快会出现一层红褐色物质，这种现象你一定见过，这是由于酸腐蚀了铁而造成的。锡可以避免这种情况，因为只有强酸才能腐蚀它。如果你观察一个装过某种酸性水果罐头的马口铁器皿的话，你会发现，只在有划痕的地方才会生锈。

小一点的物品可以用镀锡的方法解决。当然，没有人会给铁皮屋顶镀锡，因为成本过高。

屋顶所用的是一种比锡便宜的材料——锌，而且，镀锌铁皮相比于镀锡铁皮可以用得更长久。

　　那么你会问，既然这样，为什么不用锌或者镀锌材料去制造锅和罐子呢？

　　原因很简单。锌虽然不怕水，但是锌很容易被酸腐蚀，甚至是最弱的酸。这样的酸在我们日常饮食中经常遇到，比如苹果。锌盐——锌和酸的化合物——毒性很大。在锌容器中烹饪或者保存食物是非常危险的。然而像水桶、澡盆这样的东西，就另当别论了。它们经常用锌或者是镀锌材料制成。

　　但是，即使被镀上其他金属材料，铁也需要精心照看。铁皮房顶需要隔一段时间涂刷一次，并将生锈的地方换上新铁皮。需要像对待有生命的物体一样去关心、保护铁，防止它"生病"，即防止它生锈。

铁制品是由什么制成的

　　多么奇怪的问题！铁制品当然是由铁制成的。这个答案是错的。那些我们认为是由铁制成的物品——叉子、钉子、马蹄铁、火钩子，事实上都不是由铁制成的。

更确切地说，它们不是用铁这一种材料制成的，而是用铁和碳或者铁和其他物质的合金制成的。

不含任何杂质的纯铁是非常昂贵的。如果一个简单的火钩子用纯铁制作，造价极高。这种火钩子不仅价格昂贵，而且也不如普通的火钩子好用。

纯铁太软：用纯铁制作的火钩子容易弯曲，纯铁钉子也钉不进墙里，而纯铁折刀只能用来裁纸。纯铁不但软，并且易拉伸，因此，可以用它做成比卷烟纸更轻更薄的"铁纸"。

我们平时所接触到的铁，都是含有其他物质的。当然，并不是每一种物质都会使铁变得更优良。比如说硫就有损于铁，它会让铁变得易碎。铁最好的和最忠诚的朋友是碳。铁里面几乎总是含有碳。

那么，碳是怎么进到铁里面的呢？

让我们细细说来。

铁是从地下铁矿石中开采出来的。铁矿石是铁氧化合物。为了将铁从矿石中提炼出来，需要将矿石与焦炭混合在一起，放在炉中加热。炼铁炉就像茶炊上面的管子，从上方填入铁矿石和焦炭，在下面吹气，就像平时主妇们吹茶炊或者吹烧炭熨斗时那样。当然，炼铁时不是用嘴吹，而是用强大的鼓风机。

焦炭逐渐烧至白热，它不断吸收矿石中的氧气。与此同时，熔炼的铁水流到炉子底部。

铁水能溶解碳，就像热水溶化糖那样。所以在炉中得到的不是纯净的铁，而是铁和碳的混合物——生铁。自诞生之初，铁和碳就紧密地结合在一起。

如果向铁水中吹入空气，一部分碳可以充分燃烧，这样就从生铁中提炼出钢和铁。

为什么生铁和铁不一样，
而铁和钢也不一样

铁的所有特性都是由它的碳含量决定的。

如果将一把铁质火钩子、一把钢刀、一口生铁锅放在一起比较，就会发现，它们似乎由不同的材料制成，相互之间差异很大。

先说铁质火钩子。它看起来丑陋、粗糙，表面还有一层黑黢黢的氧化物。它可以被弯曲，但是自己不能伸直。对待它不需要小心翼翼，它不会被弄断。它不惧怕干活，像翻弄木头、翻弄焦炭这些脏活累活，它都能够应付。

再说这把钢刀。它精致美观，熠熠发光，而且锋利无比。如果被弄弯，它自己可以伸直，因为它是有弹性的。但是如果再用力去弯折它，它就会折断。如果让钢刀去替代火钩子，那么，它很快就会变成一堆废渣。但是在自己的领域里，它可是一把好手，切、削、刺样样精通。

再说灰色的生铁锅。由于混合着碳，它几乎呈黑色。它很脆弱，如果用锤子敲的话，它就会碎裂。生铁不擅长翻弄木头和劈柴。而煮饭就另当别论了，这是它的强项。

这三样东西的制作方法也不一样。

火钩子是用烧得通红的铁块锻造出来的。加热到一定温度

时，铁会变得柔软而有弹性，这个时候就可以进行锻造了，用锤子把它打成需要的形状。钢刀也是锻造出来的，只是随后还要进行淬火，就是将其烧至通红状态，然后放入冷水中，这样一来，钢会变得更加坚硬。

生铁不能锻造，因为在高温下它会立刻熔化。而铁和钢则不同，它们在熔化之前会先变软。在这种软化状态下，我们可以随意处置它，可以锻造、压模，或者将其压成条状。

拎锅不是锻造的，而是浇铸：将生铁水倒入土质模具中，让其冷却定型。

造成这种种差别的"根源"就是碳，铁中的碳很少，钢中的稍多一些，生铁中则含有大量的碳。

你可以轻易判断出你的钢刀中含有多少碳。将它拿到磨刀工那里，然后观察从刀锋处迸出的火星。如果火星像树一样分叉的话，就说明钢刀中碳的含量多。分叉越多，说明碳含量越高。如果迸出的火星呈火线状，没有分叉，这说明，这把刀不是钢质的，而是铁刀。

你看，有的时候，根据一些最简单的特征就可以判断，一个东西是由什么制成的。

"生病"的扣子

锡可以防止铁生锈，但是它自己偶尔也会生病，虽然这种情况非常少见。然而锡一旦生病，那可是一场真正的瘟疫。这种疾病一旦出现，就会迅速蔓延，很快，邻近所有含锡的物件都会被传染上。

最近一次这样的"瘟疫"发生在八十年前的列宁格勒。在一个仓库里存放着军装。一些军装扣子出现了可疑的斑点。很快，所有的扣子上都出现了这种黑色斑点。大家疑惑不解，谁也弄不明白，这到底是怎么一回事。人们最终也没能救活这些"生病"的扣子。它们一个接一个地变得疏松直至分解成灰色粉末。

专家们很久也没能找出这种怪病的原因。直到最后，他们终于弄清楚了：扣子生病是因为被传染加上

受凉。

原来，锡分为白锡和灰锡两种。这让人联想到炭，炭也不是只有一种形态，它分为普通炭、石墨和金刚石。

白锡可以变成灰锡，灰锡也可以变成白锡。

要想使白锡变成灰锡，首先需要被传染，只要有一点点灰锡就足够了。但是，光传染还不够，还需要受凉，温度要保持在20摄氏度以下。

那么，在仓库里发生了什么呢?

传染源不知通过什么渠道进入了仓库，仓库温度很低。只要一点点灰锡落到扣子上，扣子就开始长斑点，而且越来越多。随后，扣子一个接一个被传染。到最后，这种"锡瘟"在整个仓库肆虐开来。

铜有黄色的吗

我们一直在谈论铁、钢和生铁，却忽略了那两口铜锅。

铜锅都是由红铜制成的，也可以说是用铜制成的，因为铜没有其他颜色。我们还经常说到黄铜，但实际上，黄铜并不是铜，它是一种铜锌合金，就是用来做门把手的那种。在黄铜中，铜的含量是百分之五十，最多也不超过三分之二。黄铜中的锌含量越高，它的颜色就会越浅。如果锌的含量超过百分之五十，那么黄铜就几乎是白色的。由此看来，仅凭颜色我们就能判断黄铜中的锌含量。

说到铜锅，它是非常喜欢洁净的。如果不能保持清洁，那么它的表面很快就会出现一层棕褐色或者绿色的斑点。

这些斑点就是铜锈。

铁生锈是穿透性的，而铜生锈或者叫氧化，却覆在表面。铜锈本身能防止铜被腐蚀，好像为铜涂上了一层涂料。

这也是为什么许多铜像能保存至今的原因。它们身上穿的"绿衣服"在几百年里一直保护着它们不被氧化。

铜钱表面氧化以后很快会变黑。但如果将它们放入氨水中，它们很快就会发生变化：表面的铜锈溶解后，氨水的颜色会变成漂亮的蓝色，而铜钱也会焕然一新。

黄铜，也就是铜锌合金，其氧化速度要比纯铜慢很多。

现在，让我们看一下锅的内部。锅的里边可不像外边，它不是红色，而是白色。这是我们熟悉的镀锡层。镀锡层可以防止铜接触到食物中的酸和盐。酸性或者含盐的食物会腐蚀铜质器皿，生成有剧毒的铜盐。

因此，镀锡层不仅能够防止铜被食物腐蚀，也能防止食物被铜污染。

除了瓦罐，还有什么东西是用黏土制成的

这些绘有清晰图案、在集市和商店里售卖的瓦罐和碗都是用再普通不过的陶土制成的，而陶土就是当我

们走过泥泞的乡间小路时不断抱怨的那种黏土。一想到这些真是奇怪。但是并不只有瓦罐和

　　碗是用黏土制成的，黏土可以制成各种东西：砖、瓷玩偶、盘子、漂衣服的蓝淀粉、水泥还有颜料。但是，最神奇的是，在所有黏土里都含有铝。

　　这种白色的轻金属在不久之前还只有少数科学家才能了解，而现在家家户户的厨房中几乎都能找到一口铝锅。这并不奇怪，因为铝不像铁那样容易生锈，也不会受到酸性食物的腐蚀。不过，它怕遇到肥皂和碱，但这并不是什么大问题。

　　铝经常被称为"黏土中的银"，但是，它与银还是相差甚远。铝的白色在空气中很快就变成灰色，这是其表面形成的一层氧化物，这层氧化物让铝变得难看，但却可以防止更严重的氧化。这层氧化物没有任何危害，它与铜的氧化不同。铝不能制成漂亮、闪

亮的物件。但是，铝有一个特性，这个特性是金、银和钢都不具备的，那就是铝很轻，只有铁的质量的三分之一。这对于飞机制造非常重要，飞机需要尽可能的轻。铝和许多金属都能制成非常贵重的合金，比如硬铝——铝镁的合金，而铝铜锰合金只有钢的三分之一重，却和钢一样结实。

真想不到，我们踩在脚下的黏土，竟然还是一种可以提取贵重金属的矿石！但是，这种"矿石"目前还未被开采。铝暂时还只是从其他矿石中提取，也就是从铝矿石和冰晶石中提取。从黏土中提取铝代价过高。

瓷器也不是用我们脚下的那种黏土制成的。

它是用高岭土制成的。这是一种最为纯净的白色黏土，很少见。俄罗斯北方没有这种黏土。

在列宁格勒州经常遇到的是那种用来做砖的普通黏土，里边有各种杂质。

黏土中的一些杂质很容易被剔除掉：将一块黏土放入杯中，加水搅拌。所有较沉的杂质都会沉到杯底，而泥土却会飘在水上，变成混浊的液体。将混浊液体倒入另一个杯中，较轻的黏土杂质会慢慢沉到杯底，直到水变得几乎透明，杯底会出现一层淤泥。在另一个杯中剩下了一些石子、大的石灰石和一些沙粒。

这两个杯子中发生的现象，就是自古以来发生在大自然中的现象。

你可以想象一下，混合着沙子的黏土块变成巨大的花岗岩山脊，而倒在杯子里的水变成呼啸着冲向谷底的山洪。

无论花岗岩多么坚硬，它都害怕水和风。随着时间的流逝，花岗岩山脊分化成沙子和泥土。

山洪将沙子和泥土冲刷下来。石子和大粒的沙子先沉淀下来，然后是泥土和细沙，它们会在水流缓慢的地方沉到水底。

于是，在水底便形成了一层淤泥。河床可能干涸，或者河水改变河道，但是淤泥会留存下来。只有那些和沙子一起沉于河底、被流水打磨得光滑的圆圆的卵石才能让我们联想起那些曾经流经此地、现在却无人知晓的河流。

除了沙子和卵石，在黏土中还有其他杂质，如铁锈，它会使黏土呈现红色或者黄色，所以砖不用染色就是红色。黏土会自带颜色，例如，赭石，一种黄色或者红色的黏土，里边含有许多铁的氧化物。

花岗岩变成沙子和黏土并不稀奇，更神奇的是把黏土变成一个普通的厨用瓦罐。

确实很神奇。请你比较一下一块黏土和一个瓦罐。

黏土松软、易散，而瓦罐密实、坚硬。

黏土遇水会变软，形成糊状，而瓦罐遇水却没有任何变化。

黏土可以塑成任何形状，可以捏，可以压成片，或者搓成条。而瓦罐的形状却不可以改变，除非你把它摔成碎片。

为了搞清楚这一切，我们要亲手制作一个瓦罐。这其实一点也不难。常言道："瓦罐不是神造的。"

厨用瓦罐能告诉我们什么

为了制作瓦罐，首先需要准备黏土团，将黏土与水混合。但是我们不相信这个说法，而是会问上一句："不用水可以吗？"

答案是可以。现在，发明了一种机床，它可以为陶制品制模，包括瓦、各种容器、瓷砖等，不用一滴水。干燥的黏土被放入钢质模具中进行压制。当然，这需要巨大的压力，200个大气压。你知道这意味着什么吗？

要是用这样的压力去压一本书，就意味着需要在书上面一个叠一个地放置四节货箱。但是不用机床，用手去按压是达不到这么大的压力的。

正如机器中的机油会减小摩擦一样，黏土中的水分也会减小黏土分子粒之间的摩擦。要知道，制模的目的就在于移动分子粒，让它们按照我们的需要进行排列。而且，水能使它们不散开，一个挨一个地排在一起。

但是，这还不够。用机床制模的时候，不但要使陶器定型，而且还要挤压它，使它变得更加密实。

在这方面，水也能帮助我们。

房间的故事

　　如果将陶土制品进行干燥，其中的水分就会蒸发，那么黏土分子之间就会挨得更近，从而制品也会更加密实。

　　陶土瓦片会在干燥过程中缩短四分之一。

　　有一个不足之处，就是陶土制品在干燥过程中会经常出现裂纹，就像干涸的水洼底部一样。你一定看到过雨后干燥了的黏质土壤表面出现的裂纹。它会使人想起地震时地表出现的巨大裂缝。对一只蚂蚁来说，这就像万丈深渊，无法逾越。

　　为了使黏土在烘干时不出现裂缝，要在其中加入沙子。沙粒就像黏土中的钢架和骨骼一样，让它变得结实，同时，又可以使黏土不过分收缩。

　　明白这一切之后，我们就可以开始工作了。

　　取黏土，加入大概三分之一的水，进行揉搓。如果水加多了，那么土坯就会粘手；如果加少了，黏土就聚不到一起。

加入少量细沙，充分混合，直至看不见沙子，然后开始制作瓦罐。

第一次尝试有可能失败，因为黏土与黏土也不相同。有的可能需要多加一些沙子，而有的需要少加一些。制作土坯最好靠经验去判断。如果第一个没能成功，就再做一个，直到做出想要的为止。

我们的瓦罐做好了，但是看起来非常不美观。如果从上往下看，它不是圆形的，而是拉长的，就像一张肿胀的人脸。

但是很难做得更好了。因为仅凭目测很难做到使容器壁的各个点到中心的距离都一样。这就像不用圆规去画圆一样。

陶器工匠是用特制的机床为瓦罐制模的。

这个机床主体是一个圆板，绕着轴线旋转。它的运转靠脚来带动。工匠将土坯放在板子中间，将大拇指压进土坯内部，其他手指放在外侧。

转动的陶土坯与工匠手指进行摩擦，逐渐形成平整的圆形容器。

房间 的故事

这就像我们画圆的时候，圆规不动，而去转动纸张。圆规就是工匠固定不动的手，而转动的纸就是机床的圆形木板。

不管好坏，瓦罐算是做成了。将其放置在架子上，干燥两天。

当它干燥到一定程度的时候，要进行烧制。如果不烧制，它就不能装水，因为未经烧制的黏土遇水会重新变成一团泥。如果一个瓦罐一遇水就变软，变成一堆糨糊，那可有"好戏"看了！

将瓦罐置于热炭炉中。

在这里可能会发生一些不愉快的事情。如果瓦罐干燥得不好，它会炸裂。

黏土中的水分遇热会变成水蒸气。由于水蒸气占据的空间比水大，所以它会冲破瓦罐壁，以获得自由。

为了避免这种情况的发生，瓦罐应该充分干燥。

现在它即将被放进炉子里。让我们来想一想，为什么要把它放进去。

在烧制过程中，黏土分子相互熔结起来。也就是说，烧制后的瓦罐已经不再是由一些遇到水就会到处游走的单独分子构成，而是由一些紧实的、像海绵一样的物质构成。所以，这样的瓦罐是不会再变回黏土的。

几个小时以后，我们的瓦罐就将烧制好。颜色将会是砖红色。那个时候，就可以往瓦罐里倒水了，不必担心它会变软。

但是，它会有一个重大缺陷，那就是：可能渗水，虽然是缓慢的。黏土分子之间还存在砂眼，水从砂眼处渗漏出来。

如果你仔细观察厨用瓦罐，而不是我们自己制作的那个，你会发现，在瓦罐的表面有一层薄膜，也就是我们所说的釉彩。它将瓦罐上的砂眼盖住，就像窗户上的玻璃。

如果我们可以将身体缩小，能够进入瓦罐内部，那么我们就会来到一个弯弯曲曲、绵延狭窄的长廊，两边是坚硬如石头的黏土。首先我们感到一片漆黑。随后，终于出现一道光亮，我们急忙奔向那个出口，但却撞上一道墙，它透明，却无法穿越。于是，我们掉转方向，走另一条路。可是，无论往左还是往右，到处都是一样的障碍物。这个牢房的所有出口都被这层透明的釉彩封得严严实实。

为陶器上釉最简单的方法就是将盐、沙子和水混合，在烧制之前将其涂刷在器物表面。盐和黏土、沙子熔合在一起，就形成了釉彩。

第五站　餐　柜

厨用瓦罐的近亲们

除了铝锅和用硬铝制成的飞机以外，瓦罐还有其他"亲戚"。它们就在我们的房间里，但不是在锅架上，而是在一个又大又漂亮的房子里，这个房子叫做餐柜。

浅盘子、深盘子、茶杯、茶碟、一个掉了把儿的糖罐，还有一个坏了壶嘴的茶壶。它们

像接受检阅一样，在餐柜里整齐排列。它们都是由雪白闪亮的白色陶瓷做成的。在这些瓷器中，最好的要算是一个带把儿的杯子，这是上等瓷器，上面绘着粉红色图案：河边有一座磨坊，一个垂钓者手里拿着一把钓竿。

和这些器皿相比，我们那个涂着黑黢黢釉彩的瓦罐看起来真是又简陋又寒酸。不过，要是没有瓦罐就不会有瓷器杯子。

想要制作瓷器，首先要学会制作陶器。

谁发明了瓷器

在一些沿海国家，丹麦、瑞典和法国，沿着海岸有一些长长的平整土堤。人们曾经尝试挖掘这些土堤，却发现这竟然是一些巨大的垃圾堆：里面有鱼骨、贝壳、光秃秃的骷髅、石刀、石铲，还有鹿角做成的鱼叉和锄头等。看来，这是原始人居住过的地方，他们把厨房垃圾和坏掉的工具扔在住处周围堆积起来。

随着时间的流逝，垃圾越来越多，垃圾坑变成了小土丘，绵延数百米。

在这些垃圾堆中，人们发现了一些瓦罐的碎片。原始人的瓦罐和我们现在所使用的瓦罐有很大不同，没有上釉，底部也不是平的，而是尖的或者是圆的。但是无论如何，这是真正的瓦罐。又过了成千上万年，才出现瓷器。这并不奇怪，因为制作一个瓷器茶杯要比制作一个瓦罐困难得多。

最先掌握烧瓷技术的是中国人，大约在 1700 年前。但是，最辉煌时期却是在明朝。

中国瓷器享誉欧洲，精美珍贵，堪比黄金。没人知道它是怎么制成的，直到后来，一个炼金术士参透了中国瓷器的秘密。

瓷器与另外两个中国发明——火药和印刷术——一样，走过同样的历程，那就是欧洲人不得不重新发明它们，因为中国人一直恪守秘密。火药，据说是由施瓦茨发明的，印刷术由古登堡发明，而瓷器

则是由伯特格尔发明。

伯特格尔是萨克森族出身的国王奥古斯塔二世（强力王）的御用炼金术士。

炼金术士认为，像铜、铁、铅这样的金属，如果把它们和炼金石熔合的话，就能炼出黄金。几十年的时间里，他们一直在寻找这种他们臆想出来、未曾存在过的石头。

然而，在当时，不仅是炼金术士相信炼金石的存在；那些需要金钱的国王，将炼金术士招募到宫中，希望能用造出来的金子填补亏空的国库。为了防止炼金术士逃跑到其他国家，国王将他们像囚犯一样囚禁起来。

有时，国王不愿无休止地等待，他们会下令处死炼金术士。不知是出于讽刺，还是出于对科学的"尊重"，绞死炼金术士的绞刑架并不是普通的绞刑架，而是镀金的绞刑架。我相信，你们会和我想的一样，镀金的绞刑架和镀金的丸药一样，只不过镀了一层金，没有任何特别之处。

在寻找这种根本不存在的炼金石的过程中，炼金术士们往往会有一些意想不到的发现。伯特格尔就是如此。

伯特格尔 14 岁的时候，偶然发现一本关于炼金石的书，里面讲述如何炼制黄金。从那时起，伯特格尔便沉醉其中。当然，如果他身边没有实验室，他最后也不会成为一名炼金术士。他在一个药房当学徒。每天晚上，当老板乔恩睡下之后，这个小学徒就会在实验室里开始偷偷摸摸地进行炼金实验。

有一次，当他在全神贯注地做实验时，门开了，乔恩先生穿着睡袍、戴着睡帽走了进来。

"你在干什么，浑小子？你怎么敢不经允许就使用这个蒸馏瓶？要是你把它弄坏了，用你全部的薪水也赔不起！"

"我在炼金。"伯特格尔怯懦地说道。

"炼金？你这个骗子！你应该学的是怎么制作橡皮膏。我需要的不是

炼金术士，而是药房学徒。卷起你的铺盖卷滚回家去！告诉你父亲，让他打消你这些愚蠢的念头。"

垂头丧气的伯特格尔回家了。他背着一个袋子，里面装着补满补丁的裤子和衬衫，还有那本关于炼金石的书。这本书对他来说无比珍贵，它能给他带来财富和声望。

家人对他非常不满。虽然爸爸是造币工，但在家里却找不到一枚多余的硬币。没过几个月，伯特格尔只好重新回到乔恩的药店。

伯特格尔保证再也不会研究炼金术。但是，对炼金术的痴迷，就如同迷上纸牌游戏一样，令他欲罢不能。

伯特格尔重新开始了夜间实验，这回他十分谨慎，但还是被乔恩发现了。在一个倒霉的夜晚，他被乔恩当场堵住。这次，乔恩没有听他任何辩解，直接把他撵了出去。

伯特格尔十分绝望。他不敢回家。

但是命运眷顾了这个无家可归的炼金术士。他偶然认识了一位达官贵人——冯·弗斯滕伯格公爵。听说这位 16 岁的青年所做的实验后，公爵将他带回自己家中，给他建立了一个真正的实验室。伯特格尔很幸运，公爵给他买了华丽的衣服，提供给他一些资金，还为他布置一处豪华住所。乔恩知道这些之后，对他的顾客炫耀说，他的徒弟成了著名的炼金师。顾客们都说，师从乔恩这样的老师，肯定会特别有出息。

　　但是，一年一年过去了，伯特格尔甚至长出了胡子，但他的实验却毫无进展。一向对伯特格尔爱护有加的公爵开始怀疑他是一个骗子。那个时候，对骗子往往会施以严惩。

　　伯特格尔试图逃跑，但是被抓了回来，并被强迫继续做试验。命运可真是捉弄人！当初在药房时，他因为做实验被罚，而现在，他不想做实验了，却因此受到威胁。

　　最后，伯特格尔被要求把他炼金的方法写下来。这回，他不得已真的做了一回骗子。他写了一些深奥难解的内容，从头到尾都是胡编乱造。但是，他没能骗过公爵。谎言被拆穿，国王下令将他关进监狱。

　　这回，乔恩不再吹嘘自己的徒弟有多出色了。

　　他对他的顾客这样说："我早就说过，伯特格尔是一个骗子、一个混蛋，他应该被绞死才对。"可笑的是，这些顾客不久前从他嘴里听到的完全是另外一番话。

但是，这一次，乔恩又错了，伯特格尔的好运再次降临。他找到了新的靠山——钦豪申伯爵。国王听从了伯爵的建议，命令伯特格尔研究瓷器的制作方法，瓷器在当时比金子还贵重。就在不久之前，奥古斯特国王用一支军队从普鲁士国王那里换来一套48头的中国瓷器。

实验进行得很顺利，伯特格尔用迈森的陶土造出了瓷器，不过，不是白色的，而是棕色的。

伯特格尔被重赏，但是，依然没有获得自由。

制作瓷器的方法被视为国家机密。伯特格尔和他的三个助手被看管起来，如同囚犯。

最初，瓷器只能在宫廷中见到。萨克森国王将迈森的瓷器花瓶作为礼物送给其他国家的国王们。

1707年，瓷器第一次出现在莱比锡集市上，公开出售。在迈森的阿尔布莱希特城堡中有一个很大的瓷器作坊。在这里，伯特格尔终于成功地制出了白瓷。

迈森瓷器很快举世闻名。它们很容易辨认，工厂的标识是两把相互交叉的宝剑。迈森瓷器和中国瓷器几乎难分伯仲，不相上下。

伯特格尔像囚徒一样在迈森城堡里待了很多年。除了自由，他应有尽有。

当他已经不再年轻的时候，他再一次试图逃跑。在此之前，他已经开始偷偷和普鲁士宫廷进行谈判，为自己寻找后路。

但是，逃跑没有成功，和普鲁士的谈判也被发现。伯特格尔被抓起来接受审判。这一次，他又受到了上苍的眷顾，但也是最后一次：他死在了监狱里，逃过了绞刑之苦。

瓷器制作的秘密

是什么样的国家机密使得迈森城堡戒备森严？制作瓷器到底有什么样的秘密？

秘密不是一个，而是很多。

第一个秘密：采用的不是一般黏土，而是最为洁净的黏土。据说，伯特格尔是偶然发现这种黏土的。

有一次，当他往自己的卷发上扑撒香粉时，他发现香粉非常特别。从种种迹象来看，这不是香粉，而是一种非常纯净的白色黏土。

最后弄清楚了。这的确是一种黏土。这种黏土在迈森城堡附近非常丰饶。于是，伯特格尔尝试用这种黏土制作瓷器，最后成功了。

也许事实并非如此。但是，不管怎样，在伯特格尔幸运地找到合适黏土的时候，他要做的事情就已经成功了一半。

第二个秘密：要找到纯净的白沙、上好的云母或者长石。

就像做陶器一样，做瓷器也要使用沙子，是为了防止黏土在烘干时出现裂缝，而云母和长石则是为了使黏土更易熔化。

第三个秘密：沙子、云母和长石都要研磨成粉，将大的颗粒沉淀分离出去，就像我们在杯中过滤分离黏土那样。那些沉在底部的就是我们不需要的杂质。我们只需要那一层慢慢沉淀在杯底的软泥。黏土也是需要沉淀分离的，因为它里边也可能会有一些大颗粒的混合物。

细细的黏土、沙子和长石混合搅拌后，在机床上进行制模。制模和烘干的过程没有太多技巧可言。

但是，烧制瓷器和烧制瓦罐不一样，需要很多技巧。

烧制瓷器需要烧制两次。第一次只是轻轻烧制一下，然后刷上一层釉，重新再烧一次。第二次烧制就隐藏着制作瓷器的最大秘密了。

诀窍就在于，烧制瓷器要火力强大，烧到它几乎熔化为止。

艰难成型的茶杯由于炉中的高温开始塌陷、歪斜，变得丑陋，所以需要各种套子和支架。它们就像拐杖一样，可以让杯子站稳、不歪斜。然而，还是会有很多瓷器在炉子中被烧坏。

还有一个秘密需要了解。如果不把箍圈底部的釉彩清除干净，釉彩熔化后会将茶杯黏在下边的垫板上。

为什么烧制瓷器需要巨大火力呢？

小火烧制是不行的。因为如果那样，烧出来的就不是瓷，而是炻器，也称石胎瓷或者半瓷。

那么瓷和炻器有什么区别呢？

区别就在于，瓷是熔合而成，结构密实，像玻璃一样；而炻器结构疏松，像瓦罐一样。瓷器的分子在高温下熔合、汇聚。正因为如此，它才光洁透明。

也就是说，如果想要知道盘子是瓷做的还是炻器做的，只要将它对着光看一下就可以。瓷是透光的，而炻器不透光（至少，我们经常遇到的普通炻器是不透光的）。

还有一种更好的区分瓷和炻器的方法：看底部。如果底部有釉，就是炻器；如果没有，就是瓷器。

在你的餐柜里，有沙子做成的东西吗

让我们仔细看一下餐柜内部。除了茶杯和盘子，你还看到了什么？难道你没有看到一些用沙子做成的东西吗？

这些水杯、高脚杯、盐瓶，看到了吗？

这些都是玻璃制品，而玻璃是用沙子制成的，最普通的沙子，就是孩子们玩的那种沙子。不仅是水杯和高脚杯，甚至整幢建筑物都是用玻璃和铁制成的。

比如在伦敦，有一座巨型房子，被称作"玻璃屋"。它非常高大，里边生长的上百年的大树，就好像长在露天一样。这个巨大的建筑物至今屹立在那里，没有倒塌，虽然它有一半是用沙子建造的。

有固态液体吗

制作普通的用于吹制瓶子的玻璃时，人们将沙子放入一个容器中，添加石灰石和碱，搅拌后放入特制的炉中。容器要用耐高温的黏土制成，这种黏土不会因为高温受热而熔化。

在高温加热下，这三种材料——沙子、碱和石灰石——熔为一体，最后变成了像水一样的玻璃液。

但是，液体玻璃只是看起来像水。它的冷却和水完全不一样。

水冷却后，会保持液体状态，只要温度不低于零度。当温度降至零度以下的时候，水会变成坚硬的冰。

但是，液态玻璃却不会发生这种情况。它在冷却的过程中慢慢凝固。在 1200 摄氏度的时候，它像糖浆一样；在 1000 摄氏度的时候，它已经可以拉成丝；降到 800 摄氏度的时候，它变得黏滞、有延展性。

渐渐的，像树脂一样黏稠的液体变成软软的一团 儿，然后再进一步凝固，变成现在我们通常看到的 玻璃。

所以人们经常把玻璃称为"固态液体"，虽然这个 表述乍一听十分不合常理，就像白炭黑、热冰一样。

如果玻璃不是"固态液体"，不能像面团一样有延 展性，那我们就不能用它做出形状各异的玻璃制品， 如长颈大肚玻璃瓶、有花纹的高脚杯和奇巧精致的花 瓶等。

"肥皂泡"工厂

常言道，趁热打铁。制作玻璃制品也是一样，可以 说，趁热吹玻璃。要趁它还热着，还没有变硬变脆的时 候进行吹制。

你可能不知道，大多数的玻璃制品都是吹制出来 的，就像孩子们吹肥皂泡。只是，代替吸管的是一根

长长的铁管子，带有木质的吹嘴儿。当熬制的玻璃液开始变凉变黏稠，工人便取出一块玻璃料团放在管子尽头，开始吹制。他会先吹出一个玻璃泡。

用这个玻璃泡可以制作成任何玻璃制品：水杯、高脚杯、瓶子，甚至是光滑平整的窗户玻璃。

比如我们要做一个玻璃瓶子。工人将玻璃泡放进模具中，然后通过管子吹气，一直吹到气泡充满整个模具。当瓶子冷却后，把它从模子里取出来，为此，模具设计成可拆卸的。当然，要是在以前，需要将瓶子从吹气管上切割下来，用一根凉铁棒在灼热的瓶颈处进行分离。

我还真不知道，有哪一种形状的玻璃制品是一个经验丰富的吹制工人吹不出来的！仅仅借助于一根简单的管子，他就能吹制出任何形状的精美玻璃制品。

你见过实验室里的玻璃器皿吗？它们都是用玻璃吹制出来的。

吹制玻璃是一项非常艰苦又有损健康的工作。因此在许多工厂里，特别是制作大型物件的时候，都不是人工吹制，而是借助于机械。

在几十年前，有人发明了吹瓶机。

这样的机器只需要两名工人操作，却可以代替八十人工作，一天可以制作两万个瓶子。

但是，能吹出玻璃制品还不够，我们还需要掌握冷却方法。

如果将一根玻璃棒置于火上，使其熔化，然后滴一滴到冷水中，那么，就能得到一个透明坚硬的泪珠状的玻璃球。只要弄一小块下来，它马上就会变成细碎的粉末。

可见，冷却过快的玻璃是多么的不结实。

为了使玻璃更加结实，要将它长时间地放在一个特制的炉子中，使其慢慢冷却。在这之后，一些玻璃制品，如水杯、高脚杯、花瓶等，要进行打磨。打磨之后，对其粗糙无光泽的棱面还要用金刚砂或者是其他粉末进行抛光，使其变得平滑、光亮。

常规的制造玻璃制品的程序：吹制、打磨、抛光。人们还采取更加简单的方法，那就是浇铸，就像浇铸生铁一样。由于玻璃在高温条件下易熔化、变软，因此很容易用它压制成各种物品。

浇铸或者是压制出来的玻璃制品与有棱角的玻璃制品不同，它们很容易辨别。它们所有的面都是圆滑的，而不是突出的。这个方法切记不要忘了，万一什么时候会用到。根据这个特征，你可以把一个有棱角的高脚杯与一个廉价的、浇铸出来的高脚杯区分开。

大多数镜子玻璃也不是吹制的，而是浇铸出来的。先浇铸出又大又厚的玻璃板，然后进行打磨、抛光。

玻璃制品的差别不仅仅表现在制作及加工方法上。它们的成分亦有不同。比如，绿色的制瓶玻璃是用普通的黄沙、碱、石灰石制成的。沙子里含有很多铁锈，所以会呈现黄色。在玻璃熔炉中，黄色会变成微绿色。这正是玻璃中含铁的标志。

白色的制窗玻璃是由偏白色的沙子制成的。如果想制作最好的玻璃，就要选用最干净、最洁白的沙子，并且用钾碱代替碱，用石灰或者铅丹来代替石灰石，这样就能制成厚实的、如钻石般闪耀的水晶玻璃。

不会碎的玻璃

用石英制成的器皿更加结实。即使把它们加热到很高温度时放入冷水中，也不会发生任何事情。

既然这样，为什么不用石英来制作水杯、盘子和瓶子呢？因为石英制品非常昂贵。熔化石英要用电炉，需要耗费很多电能。

石英是未来的玻璃。

目前，人们致力于普通玻璃的改良。美国人研发出来一种玻璃，把它加热到200摄氏度，然后迅速放入冰水中冷却，它却不会爆裂，这种玻璃被称为"派勒克斯玻璃"。

法国人研发出了三层不碎玻璃。这种玻璃子弹都打不透。子弹打在玻璃上，会迅速消失，分解成粉末，而玻璃却完好无损。三层不碎玻璃由几层玻璃构成，中间用赛璐珞胶黏合。

苏联工程师发明了用塑料制成的打不碎的玻璃。这种玻璃曾安装在北极帕帕宁极地考察站的窗户上。

第六站 衣 柜

最后一站

我们的漫游即将结束。这是我们的最后一站——收纳衣物的衣柜。衣柜有很多种：有大型衣柜，它占据半个房间，在玩捉迷藏的时候可以藏下六个人；还有小储衣柜，连一个小孩都藏不下；有非常豪华的衣柜，整个柜门都

是镜子，也有不带镜子的衣柜。

　　在我们面前的这个柜子尺寸适中，里边有放置内衣的地方，还有挂外套的地方。柜门上镶有一块镜子，不大不小，恰到好处。在观察衣柜内部之前，我们先来说说镜子。

镜子的历史

　　古时候，在没有玻璃镜子的时候，人们把由银或者铜锡合金制成的凸形薄板当作镜子。但是，金属镜子在空气中很快就会变得黯淡无光。最后，人们想到，可以将金属层藏在玻璃下面，使其与空气隔离，就像我们把

照片放在玻璃下面一样。于是就有了玻璃镜子。

　　在很长一段时间内，人们一直用下面这种方法制作镜子：在一块玻璃上放一张锡纸，然后在上面倒上水银。水银将锡纸熔化。含有锡的溶液会紧紧地黏在玻璃上。人们把玻璃微

微倾斜，使水银充分流淌。这样，一个月之后，整块玻璃都均匀地覆上了一层金属。

科学家李比希想出一种更好的方法。在玻璃上涂上一层含银的特殊溶液。银慢慢沉淀，经过半个小时，玻璃上就有了闪闪发亮的涂层。为了让涂层更结实，还在镜子后面涂上颜料。

这个方法更胜一筹，因为不需要接触有毒的水银，而且制成的镜子也更光亮。

如果将水银镜子和银镜子放在一起对比，就会发现，水银镜子要暗很多。25 瓦的电灯泡在水银镜子里面看起来像是 16 瓦的。那么多光亮在镜子里消失了！

镜子的生产工艺似乎并不那么精密复杂，但是，在 300 年前，却只有一个城市会制作镜子，那就是威尼斯。

关于镜子的制作方法，威尼斯人一直保密。向外国人泄露镜子制作秘密的人会被处以死刑。威尼斯政府下令将所有镜子工厂都迁到一个叫穆拉诺的孤岛上，并且不允许外国人上岛。

当时，在这个岛上有 40 个大型工厂，有数千名工

房间的故事

人。每年，仅向法国一个国家就出口 200 箱镜子。这里不只生产镜子，还生产各种用白色玻璃和彩色玻璃制作的器皿，它们在全世界享有盛誉。威尼斯高脚杯和花瓶被视为精美绝伦的工艺品。

如此精美的花瓣、枝叶都是用脆弱易碎的玻璃制作出来的，真是令人难以置信。

在威尼斯，来自穆拉诺岛的能工巧匠受人尊重，社会地位等同于贵族。岛上的事务由一个委员会管理，它是玻璃工匠们自己推选出来的。威尼斯人都忌惮的警察也没有权利干涉穆拉诺岛居民的生活。

对玻璃工匠们只有一个严格限制，那就是，他们不能离开穆拉诺岛去别的国家，否则会被处死。不仅是逃跑者本人，他们的家人也会受到严惩。

尽管如此，威尼斯还是没能守住自己的秘密。

一天，驻威尼斯的法国大使收到了一封来自于巴黎的密信，这封信让他陷入沉思。信是法国大臣科尔伯特写来的。在信中，他要求驻威尼斯大使为新开设的皇家镜子工场寻找人手。工场是指大型的手工作坊。大型作坊与小作坊的区别就在于工人的数量，因为那个时候还没有机器。

大使深知，想招募穆拉诺岛的工匠有多么困难。他清楚记得，在威尼斯法典里有这样的条款："如果玻璃工匠将手艺带往其他国家，政府会责令他归国。如果不从，其家人将被判入狱。如果工匠仍滞期不归，政府将会派人追杀。"此外，还有一个问题需要解决，即便工匠们被说服，愿意前往法国，他又该怎么做才能不被发现呢？

就在当天晚上，一艘带篷的威尼斯游船——"贡多

拉"——停靠在法国大使馆门前。像所有威尼斯的建筑一样，法国大使馆也是沿河而建。从贡多拉游船上走下来一个人，个子不高，很敦实，披着黑色斗篷。几个小时之后，他走出了大使馆。

从这一天开始，这位神秘的陌生人就开始频繁出入法国大使馆。在法国大使房门紧闭的办公室里，这位法国显贵正在和一个衣着朴素的人谈得火热。

这个人是穆拉诺岛上一个小杂货店的老板。他和法国大使在密谋什么，没人知道。

我们只知道，过了一二个星期，法国大使馆的信使给科尔伯特递送了一封信。信里说，有四个玻璃工匠愿意前往法国，并且一切已经准备就绪。

又过了几个星期。在一个漆黑的夜晚，一艘平底船抵达穆拉诺岛，船上是二十四名全副武装的军人。黑暗中，走出四个人，陪同他们的是我们在前面提到的杂货店老板。双方交谈了几句。接着，船边人影晃动，船桨划动。船起航了，载着四名威尼斯工匠，驶向了遥远的法国。而这位杂货店老板回到家里。在他的斗篷下面藏着一个袋子，里面装有 2000 里弗尔，这是法国给他的酬劳。

当威尼斯得知有工匠逃跑时，这些工匠已经在巴黎开始制作镜子了。威尼斯驻巴黎大使倾力调查，也未能得知这些人被安置在什么地方。他们被隐藏得很好，几乎不可能被找到。

但是，四个工匠太少了。几个星期之后，第二批工匠，也是四个人，又逃离了威尼斯。

威尼斯政府对驻巴黎大使十分不满，于是又任命了新的大使——朱斯蒂尼亚尼。

朱斯蒂尼亚尼很快便找到这些叛逃工匠，并召见了他们。最后，他成功说服了几个工匠，他们答应回国。

与此同时，科尔伯特也在全力争取，他竭力挽留这些工匠。他安排他们住在像皇宫一样豪华的住所里，为他们提供大量钱财，满足他们所有要求，还帮助他们的家人逃离了威尼斯。

尽管朱斯蒂尼亚尼向滞留在巴黎的威尼斯工匠许诺赦免他们的罪行，还答应向每个人发放 5000 杜卡特，但是，这些人还是不愿意离开巴黎，因为在这里，他们逍遥自在。叛逃者们完全漠视自己国家严酷的法律，但是他们不知道，死神正在向他们靠近。

房间 的故事

1667 年 1 月，在来到巴黎一年半以后，一个最优秀的威尼斯玻璃工匠突然死亡。三周之后，一位非常擅长吹制镜子玻璃的工匠也突然暴毙。医生诊断说，他们都是中毒而死。与此同时，在威尼斯，有两个打算逃往巴黎的工匠被抓进监狱，并被处死。

在巴黎皇家工场干活的威尼斯工匠们被死亡的恐惧所笼罩。他们开始要求回国。这一次，科尔伯特并未阻止他们，因为法国人已经掌握了制造玻璃的全部工艺，而且，若是他们继续留在巴黎，法国政府还要支付昂贵的费用，代价过大。

威尼斯工匠离开之后，巴黎皇家工场的工作井然有序、有条不紊地继续进行着。在凡尔赛、枫丹白露、卢浮宫都出现了法国制造的镜子。

宫廷贵妇们在镜子前面扑粉上妆。她们没有人会发觉，镜子中有一张脸，一张威尼斯工匠的脸，他因为制作了这面镜子而被毒死。

我们的衣柜里有什么

现在，让我们来看看衣柜里面。在这里，你会看到一件神奇的东西，一件由空气做成的衣服。这样神奇的东西你大概从来没有听说过。但是如果你了解了这一点，你就可以解开我们在漫游之前提出的三个谜题：

为什么呢子要用湿布来熨平？

为什么毛皮大衣更暖和？

三件衬衫和一件三层厚的衬衫，哪个更保暖？

为什么衣服会保暖

首先，应该向自己提一个问题，真的是衣服让我们感到暖和吗？实际上，不是衣服给人提供温暖，恰恰相

反，是人把热量传递给衣服，让衣服暖和。难道不是吗？毛皮大衣又不是炉子。那么你会问，"难道人是炉子吗？"当然是的。就像我们已知的那样，我们吃的食物就是"柴火"，它在我们身体里燃烧。虽然看不到任何火苗，但是，身体感受到的温暖让我们知道，我们的身体内部在"燃烧"。

这份温暖应该保持。为了不让热量跑到外面，我们建造的房子都有厚厚的墙壁，冬天要安装双层窗户，还要给门包上毡子。穿衣服也是同样的道理。我们不用体温去温暖室内或者马路上的空气，而是去温暖我们所穿的衣服，它能将温暖的空气保存在我们身体周围。当然，我们的衣服也能往外散热，但是比我们身体的散热速度要慢得多。

也就是说，我们让外套代替我们挨冻。

三件衬衫和一件三层厚的衬衫，
哪个更保暖

三件衬衫更保暖。

关键不在于衣服本身，而在于衣服之间的空气。空气不易散热。衣服之间的空气越多，空气做成的"衣服"就越厚，就越能帮助我们的身体抵御严寒。

三件衬衫就相当于三件空气外套。而一件衬衫，哪怕再厚，也只是一件空气外套。

有空气墙吗

为什么冬天要安装双层窗户？为的是在两层玻璃之间形成一面空气墙。空气墙能保温，它能阻止热气从室内流出。

两层玻璃和两件衣服的原理是一样的。

科学家们发现，空气墙的保温性能比砖砌的墙还要好。因此，现在人们开始生产空心砖。

用空心砖建成的房子要比实心砖建成的房子保暖。为什么？因为它们的一半建筑材料是空气。

为什么夏天穿羊毛衣服不好

因为穿羊毛衣服太热。

不仅如此，羊毛制品有一个很大的缺点，就是如果把它弄湿，它干得非常慢。

因此，如果在炎热的天气里穿羊毛衣服，我们身体里的潮气不易散发，这会很不舒服，而且于健康不利。

夏天最好穿棉质或者亚麻质地的衣服。棉和麻都易干，并且具有良好的透气性。

为什么要穿内衣

如果我们光着身子穿外衣，就会觉得冷，因为包裹身体的空气层太少。

但是，我们穿内衣也不仅仅是为了保暖。

还因为内衣可以清洗，而外衣有时候不便清洗。

　　比如说羊毛衫，它怕烫。如果把它烫一下，它就会变得皱皱巴巴的，像毡子一样。因为毛纤维和棉麻纤维不一样，它的结构不是平的，而是鳞状的。

　　毛料被烫过之后，鳞片状的纤维都勾连在一起，变得皱皱巴巴，很难再次平展开。

　　也正是因为这个原因，不能将毛料放在热炉子上方烘干或者用高温熨斗熨烫。只能用湿毛巾将其抚平。

　　而棉麻制成的内衣是不怕高温的，它既能清洗也能熨烫，这就是为什么要在呢子大衣或者针织外套里面穿一件内衣的原因。

房间漫游指南

至此，我们结束了房间漫游。我们只走了将近二十步，但是，我们看到了多少东西，解开了多少谜团啊！

通常，旅行者们都会随身带上一本旅游指南。指南里详细描述路上会有哪些河流、海洋、丘陵、山川、村庄和城市；在这些城市里又有哪些街道、建筑和纪念碑，这些纪念碑建于何时，又会告诉我们些什么。有了这样一位"向导"，你就不必经常停下脚步，向路人询问。

对于那些想在自己家里进行一次"旅行"的人来说，这本书权当是一位"向导"吧。

附：照明的故事

没有路灯的街道

无数个爱迪生

是谁发明了电灯？

通常，对这个问题的答案是：美国科学家爱迪生。

这是不正确的。爱迪生仅仅是从事研究人工阳光的众多科学家之一，正是这种光明现在照亮着我们的街道和房屋。

以前，城市的街道上没有一盏路灯，而待在房屋里的人们也只能伴着牛脂烛光或者烟雾缭绕的昏黄油灯度过漫长的夜晚。

假如拿这种酷似茶壶的古油灯与现代电灯做一比

附：照明的故事

较，我们看不到它们之间有丝毫相似之处。然而，从这种外形丑陋的茶壶灯到现代电灯，期间走过了一条漫长的演变征程，这其中经历了一系列虽然不大、却是非常重要的变化。

在几千年的过程中，成千上万的发明者们一直在不懈地努力，目的就是让我们的灯可以发出更好和更亮的光亮。

房间里的篝火

与之前的灯相比，这种形状丑陋的油灯俨然是一种设计精巧的漂亮东西了。

从前，相当漫长的一段时期根本就不存在灯这种东西。一千五百年前，在现在巴黎所在的地方，人们发现这里曾经是个脏兮兮的集镇，叫做留捷齐亚。这个镇上的房屋全都是木头的，房顶覆盖着秸秆或者瓦当。走进任何一幢房子，可以看见唯一的房屋地中央点燃着篝火。

尽管房顶有排风孔，烟还是排不出去，里面的人被熏得流眼睛，呛得直咳嗽。

这种原始篝火就是当时的人们用作照明的灯、食用的灶和取暖的炉。

在木头建筑物里烧火——这是非常危险的事情。

当时经常发生火灾就显得毫不奇怪。

人们惧怕火，就像惧怕看不见的凶恶和贪婪的敌人，他们一直等待着扑向他们的房屋并将其毁灭。

有烟囱的火炉在西欧出现大约是七百年前，而在俄国出现还要晚一些。

十月革命之前，俄国农村有些地方的木屋还处于"黑暗"之中，或者修建的是"无烟囱炉灶"。生火的时候需要把门打开，以便让烟散发出去。

为了防止孩子被烟熏和冻着，小孩们在白天也被安顿睡觉，用兽皮或皮袄将脑袋蒙上。

燃烧的细劈柴取代篝火

为住所照明不需要使用整堆篝火，用一根细劈柴——引火木就足够了。

房屋里的炉火总是导致烟雾缭绕、非常燥热，而且需要不少木柴。

附：**照明**的故事

于是，取代一堆树枝的是一根燃烧的细木柴——引火木。

将一根直的干木柴劈成一俄尺长的细劈柴，然后将其点燃。

引火木堪称一项卓越的发明。

无怪乎它使用了很多世纪——几乎一直沿用至今。

不过，让引火木燃烧绝非一件易事。

准备烧水的人都知道，引柴需要保持倾斜——燃烧的一端朝下，否则就会熄灭。这是为什么呢？

火焰总是顺着木头向上燃烧。这是由于燃烧的木头其表面的空气加热了。而热空气轻于冷空气。这种热空气向上抬升，同时携带着火焰一同上升。

正是由于这个原理，必须要将引火木略微倾斜，燃烧端向下——否则火苗就会熄灭。但是又不可能用手一直这样拿着它。做法很简单：将引火木置于插座中。所谓插座——就是在一个支架上立起一根木棒。

木棒上固定住一个铁夹子，引火木就固定在其中。

这种照明并不像感觉得那么昏暗。

引火木可以发出非常明亮的光。

不过，引火木不仅伴生很多的烟雾和烟黑，而且使用起来也很麻烦！

附：**照明**的故事

必须在引火木的下面放置一块铁板，提防发生火灾，旁边还要有人照看，便于按时更换燃尽的引火木。

一般情况下，大人忙于干活，孩子们来照看引火木。

火把之光

并非任何地方都可以找到适用于引火木的木材。

面对这种困难，人们并没有畏缩不前。

人们发现，含有松脂的木头用做引火木，燃烧起来尤其明亮。可见，与其说问题在于木头，其实取决于松脂。

只要将任何枝条涂上松脂，就会得到自制引火木，这种做出来的

132

引火木燃烧起来并不比天然引火木效果差，甚至更好。

火把就这样诞生了。

火把燃烧时会产生非常明亮的光亮。每当举办盛大宴会之时，所有大厅都使用火把来照明。

有这样一个传说，在加斯通·德·富瓦骑士城堡举行的晚宴上，有十二个仆人手执火把围站在餐桌旁边。

在皇宫里，手举火把的常常不是仆人，而是银质雕像。

火把也同引火木一样，一直保存至今。即使今天，经常可以看见消防队员手举燃烧的火把在街道上奔跑而过，这不禁让人想起遥远的过去。

最古老的灯

在法国的一个洞穴里，考古学家们发现了一些燧石刮刀和鹿角制作的鱼叉，同时还有一些砂石磨成的浅平碗。

圆形的碗底覆盖着一层黑色的物质。

在实验室里对这些黑色物质研究之后发现，原来，这些黑色物质竟然是脂油燃烧之后遗留的积炭。

附：照明的故事

这是发现的最古老的灯，它是人类尚在洞穴栖身时用来为其住处照明。

这种灯没有灯芯，也没有玻璃罩。它燃烧的时候，整个洞穴都会弥漫着油烟和烟黑。

在人们发明不冒烟黑的灯之前，这种灯一直沿用了几千年。

灯和工厂烟筒

为什么油灯会冒黑烟呢？

这跟工厂烟囱冒烟是同样的道理。

如果您看见工厂的烟囱冒出浓浓黑烟，您可能以为，这或者是工厂的炉子燃烧不好，或者是锅炉工人操作不当。

只有一部分木柴在炉膛里烧掉了，而其余的并未燃烧完，就顺着烟囱跑掉了。

当然，跑掉的不是木柴，而是烟炱——尚未来得及燃尽的碳素微粒。

事实是，没有空气就没有火焰。

为了使木柴完全燃尽，锅炉工人应该使炉膛进入足够的空气，通过开关烟囱风挡进行调节。

如果炉膛里空气过少，就会有部分木柴燃烧不好，从而形成烟炱跑掉；如果炉膛里空气过多，同样不好——炉子容易降温。

烟子——就是炱，这是碳素微粒。

可是，油灯的火焰里怎么会有碳素呢?

它源于煤油、油脂或者松脂——取决于我们在灯里烧的燃料。

不错，我们在煤油或松脂里看不见任何碳素。可是，我们在茶里同样看不见糖，在牛奶中也见不到乳渣。

如果煤油灯的添油恰到好处，就不会冒黑烟：所有碳素都在火焰中燃烧殆尽。

古时候的灯不像现在的灯，总是冒黑烟。

这是因为：燃烧需要的空气不够，并非所有的碳素微粒都能及时在火焰里燃烧殆尽。

空气不足的原因在于，灯里每次燃烧的脂油过多。

应该这样，即以逐次的方式给火焰供油。

为此，人们发明了灯芯。

灯芯用几百股细线组合而成。其中的每股线——就是一根纤细的管子，脂油沿着这根细线一点一点地供给火焰，就像放在墨水瓶中的吸墨纸，墨水慢慢地浸到吸墨纸里。

器皿灯和茶壶灯

大概，你们所有人都听说过赫库兰尼姆和庞培这两个名字。这两座城市曾经在维苏威火山喷发之时被火山灰掩埋了。现在，这两座城市又重新挖掘了出来，其中的房屋、广场以及街道得以重现。人们在房屋里的日常用具中发现了灯具。

这些古罗马时代的老式灯用黏土做成，表面用青铜装饰。外表看上去，这种灯就像盛调味汁的器皿壶。灯芯顺着壶嘴露出来，一侧有把手，方便携带时用以把握。这种灯使用植物油。灯芯燃烧时会渐渐变短，因此，需要经常将灯芯从壶嘴里往外拉抻。

几个世纪过去了，可是灯的构造几乎没有改变。在中世纪的城堡中，人们可以发现庞培时期所使用的这种形状的灯，只是做工更加粗糙而已。

大型的灯——配置几个灯芯，用金属链子悬吊在天花板上。防止灯芯上的油滴落到桌子上，下面悬吊一只小碗，用来盛装淌下的油滴。

植物油在当时很昂贵。这是阿拉伯商人从东方贩运而来。生活条件差一些的人们在黏土碗或者形似茶壶的小灯碗里使用脂油。

灯芯用大麻纤维制成。

在巴黎，小商贩们沿街售卖，经常高声叫卖道："快来买灯芯吧，灯就不会熄灭喽！"

没有灯盏的灯

一盏灯最重要的东西——是油和灯芯，灯盏并不是那么重要。可是，没有灯盏能行吗？这很简单。

只要将灯芯置入熔化的热脂油里浸一下，然后再取

出来。

整个灯芯都裹上了一层油脂，待其冷却之后，就得到了烛。

古时候的人们就是这样制作烛。

人们将数十股灯芯绑扎在一根细小木棍上，然后把它们一起放进盛着油脂的锅里。

在油脂中反复浸渍几次，以便灯芯上形成一层厚厚的油脂。

这种烛叫浸制烛。

大多数的家庭妇女都是自己动手制作，不去购买现成烛。

后来，人们学会使用锡或者白蜡做的专用模子来制作烛。浇铸而成的烛比原先的浸渍烛看上去漂亮很多。这种烛外观非常光滑和平整。

烛不仅由油脂制作，而且还由蜡来制作。蜡制作的烛非常昂贵。这种蜡烛只有在教堂和皇宫里才能够见到。

而且，即使国王也只有在隆重庆典之时才使用这种奢侈品。每逢这种盛大的欢庆时刻，皇宫里的大厅被成百上千只蜡烛映照得金碧辉煌。

下面，是一位旅行者所描述的十六世纪莫斯科举行的一次这种庆祝场景：

"酒宴进行过程中夜幕降临，所以需要点燃悬挂在天花板下面的四个银质枝形烛台，其中一个大烛台悬吊在大公的对面，上面可以置放 12 支蜡烛，

附：照明的故事

其余三个——可以置放四支蜡烛。所有的烛都是蜡制。18个人手执硕大蜡烛站在烛台的两侧。蜡烛耀眼地燃烧着，房间里显得非常明亮。我们面前的桌子上也放置了六支大蜡烛，烛台用碧石和水晶制成，镶着银质饰框。"

显然，这些蜡烛非常昂贵，而且数量足够参加酒宴的来宾数上一阵。蜡烛越多，酒宴显得越豪华。

这种情形不仅发生在16世纪，时隔二百多年之后依然如此。我们知道有一部描写盛大舞会的小说，这个舞会是大公波将金为叶卡捷琳娜二世举办的。在波将金的宫殿里，所有的大厅燃起了14万盏油灯和两万支蜡烛。

可以想象，点燃起这么多的火焰会有多热，这些火焰在水晶枝形吊灯上以及色彩缤纷的玻璃灯罩里显得流光溢彩。在这样的舞会上，一把折扇不是奢侈品，而是必不可少的驱热工具。

不过炎热——还可以对付。可是伴随炎热还有浓浓的烟雾。

有一次，帕维尔一世在自己的米哈伊洛夫城堡举办舞会，那里既潮湿又昏暗。遵照沙皇旨意，所有的大厅点燃了几千支蜡烛。由于潮湿，燃烧的蜡烛产生了很浓的烟雾，结果弄得客人们很难分辨彼此。蜡烛的光亮在昏暗的烟雾中隐约闪现。女士们本来色彩鲜艳的华丽服饰，笼罩在烟雾里看上去都是一种颜色。

　　蜡烛——这是一种奢侈品，只有少数人才可以消费。其实，即使脂油制作的烛同样价值不菲。

　　就在一百年前，还经常是全家人伴着一支烛光度过夜晚。有客人的时候，点上两三支蜡烛，所有人就会觉得房间非常明亮了。

　　在我们看来，在三支蜡烛的光亮下举行舞会显得有些滑稽可笑。即便点燃六十支蜡烛，我们也会觉得光亮不够。

　　我们甚至不想生活在硬脂烛的光亮下，相比之下，我们的祖先只有牛脂烛，这种烛的光亮远远不如硬脂烛。

　　牛脂烛总是冒黑烟。最糟糕的是，需要不断为其剪烛花。

如果不剪烛花，整支烛就会挂满烛泪，这是因为裸露在外的烛芯端头没有燃烧干净，随着燃烧而越变越长。

这种情形下，火焰不断变大，就像将煤油灯里的灯捻调高一样。

不过，大火苗会熔化过多的油脂。油脂便顺着烛壁往下流淌。

所以，烛芯需要使用特殊的夹钳不断修剪。夹钳就放在烛旁的小托盘里。

用手指掐掉烛花非常不体面。用夹钳剪掉烛花，然后要扔在地上用脚踩灭——"免得难闻的气味刺激我们的鼻子。"

现在的硬脂蜡烛烛芯制作得很巧妙，已经不再形成烛花了。

这是因为最热部位并不在空气很难进入的火苗内部，而位于空气更多的外面。

这个很容易检验。

只需要小心并快速地将一张纸放在蜡烛的火焰上

方。纸上就会出现一个烧灼的小圆圈。这表明，内部的火焰并没有外面这么热。

牛脂烛的烛芯总是处于火苗的中心。因此，它燃烧得不好，并产生积碳。

硬脂烛的烛芯并不像牛脂烛那样搓捻而成，而是采用编织的方式。紧密编织成辫状的烛芯端部总是呈现弯曲状，伸在火苗最热的外部慢慢地燃烧。

蜡烛时钟

古时候经常出现这种情形：每当有人询问时间，被询问人并不是望向时钟，而是蜡烛。这倒不是出于漫不经心，而是古时候蜡烛不仅用来照明，还被人们用来计时。

据传说，查理五世的小教堂里日夜点燃着一支大烛，上面用黑色的条纹分成二十四个等份，以此来表示时间。专门指派仆人按时向国王禀报烛燃烧到了哪个刻度。当然，这种用作时钟的烛很大。它必须足够长，以便刚好可以燃烧二十四个小时。

附：**照明**的故事

几百年的黑暗

火把、油灯和脂油烛出现以后，很长一段时间内，人们满足于这种简陋的照明方式。

这种照明确实让人非常难受。

油灯和脂油烛烟雾缭绕、气味熏人。总是发出噼噼啪啪的响声，让人很不习惯，甚至感到头疼。

手提灯的灯罩不是玻璃的，而是如筛子一样布满小孔的金属罩。透过这些小孔照射出来的光亮很少。当时还根本没有路灯。

假如没有月光映照着城市，街道上就会一片漆黑。

那时比现在更需要路灯。因为并非所有地方都有马路。地面高低不平，到处是烂泥，堆满了垃圾。狭窄的街道中间就是排水沟。人们都尽量靠近房屋行走。即使这样仍然危机四伏。

经常发生这种情况，有人从临街的楼房窗口往外倾倒脏水，倾洒在下面的路人头上。

吉尔·布拉兹是一部小说中的主人公，他性格开朗，讲述了这样一个遭遇：

"仿佛是故意作对，夜色显得非常黑。

我在路上摸索着前行，已经走到一半路程时，这时头顶一扇窗户里扔出一个香水瓶，刚好落到我的头上，香水的气味不太好闻。

身处这种危险境地，我真的感到进退维谷。如果我决定往回走，同伴们会怎么看我呢？我肯定会成为他们嘲笑的对象。"

为了避免遇到这种不愉快的事，达官贵人往往带着仆人随行，他们手拿火把走在前面。

以前的莫斯科，每到夜晚，街道也是笼罩在一片伸手不见五指的黑暗之中。

"我们在黑暗中抵达宫殿的宽大台阶前。距离台阶20步左右的地方站立着很多仆人，手里牵着马的笼头。他们等候在这里，以便将参加沙皇会见的主人接送回家。可是，要到达马匹所在的地方，我们必须在这黑咕隆咚的夜里走过深及膝盖的泥泞

附：照明的故事

之路。”

这是 16 世纪时一个外国旅行者巴别里诺在莫斯科亲身经历的故事。

不过，有时也会出现这样的情形，莫斯科黑暗的街道上突然间点燃起几十支明亮的火把。这些火把并非固定在原地，而是不断移动，时而沿着街道排成一列，时而又消失在街角处。

临街房屋的护窗板纷纷打开，银白色的窗户里露出惊慌失措的面孔：街道上的火光是怎么回事？发生火灾了吗？只见火光越来越近。原来是沙皇的仆人们，手里拎着银白色的罩灯，后面是——身穿异国服饰的骑马者。这是外国使者在皇宫参加完接见正在返回住所。

一个外国人在其日记里就记载了这样一件事：

“宫殿中的阶梯上点燃着巨大灯盏。宫殿中间点燃着两支巨大火把。我们返回住所时——已经是晚上 10 点左右了——六个莫斯科人走在马匹的前

146

面，手里拎着硕大的油灯，而在外国使者的前面，还有十六个拿着油灯的莫斯科人，他们护送我们回到住处。"

路灯的出现

夜晚与白天

古时候，无论是城里还是乡下，人们的一天都是从黎明开始到日落结束。当时没有工厂，也不存在夜晚干活。所有工业制品都由作坊里的工匠手工制作。人们都早睡早起。灯和路灯不是特别需要。

然而，工业发展起来之后，大型作坊开始出现，后来工厂也出现了，城市里的生活随之变成了另一种方式。

工厂实行长工作日和夜班。工厂汽笛天没亮之前就开始鸣响，召唤工人们去上班。城市的生活节奏变得早起晚睡。城市里的人们不再依靠太阳计时，白天变长，夜晚缩短。这就使灯和路灯成为了必需品，需要既实惠又明亮的灯光。

附：照明的故事

于是，发明家的工作开始了，最终导致了煤气和电的产生。不过，这些并非立刻就发生的。

毕竟，中世纪小镇不是立刻就变成了机器隆隆、工厂林立的现代城市。

电灯的出现经历了漫长的历史。

蜡烛的神秘消失

起初，发明者们尝试改良油灯。若想发明出好油灯，就应该知道，油在燃烧的时候发生了什么。

应该弄清楚燃烧的奥秘。人们弄清楚了这个问题之后，才开始出现了好灯。

如果我们将一支燃烧的蜡烛放进罐子里，并且盖上盖，蜡烛刚开始时会燃烧得很好。可是片刻之后，火焰便开始变得暗淡下来，最后熄灭。

如果我们再次点燃蜡烛，

并且重新放进那个罐子里面，这一次蜡烛立刻就会熄灭。

罐子里仍然有空气，可是里面缺少了燃烧必需的某种东西。

这"某种东西"——就是构成空气的一种气体。这种气体称作氧。烛燃烧的时候，氧气在消耗和减少。

不过，这仍然没有告诉我们，燃烧究竟是怎么回事。

我们目睹着蜡烛在消失，同时氧气也在消失。这种神秘的消失究竟是怎么一回事呢？

事实上，我们只是觉得蜡烛在消失而已。

如果将一只玻璃杯置于火焰上方，杯壁就会蒙上水汽——凝成水珠。

这说明，燃烧过程中产生了水。

然而，除了我们看到的水之外，还有看不见的二氧化碳。

我们将燃烧的蜡烛放进罐子里，罐子底部就会聚集一层二氧化碳，在这种气体中就像在水里面一样，蜡烛无法燃烧。

不过，二氧化碳可以像液体一样从罐子里倒出来。

如果将二氧化碳从罐子里倒出来，然后再将燃烧的蜡烛放进罐子里，蜡烛就不会立刻熄灭了。

只有生成新的一层二氧化碳，蜡烛才会熄灭。

蜡烛燃烧的时候，其实蜡烛和氧气都没有消失，不过是变成了二氧化碳和水蒸气。

这一点从前没有人知道。

直到四百多年前，有一个人弄清楚了燃烧是怎么回事。

这个人就是意大利的画家、科学家和工程师列奥纳多·达·芬奇。

带茶炊烟囱的灯

列奥纳多·达·芬奇在那个时候就明白了，烟炱的产生源于空气不足。

他心里琢磨，若想有足够的空气，就需要有抽力，就像火炉通风一样——在火焰上方放置一个烟囱。

带着二氧化碳的热空气和水蒸气将会排入烟囱，而从下面会源源不断输入充满氧气的新鲜空气。

于是，灯罩应运而生。

在早期，灯罩并非玻璃的，而是铁皮——类似茶炊烟囱。

烟囱不是套在灯上，如同现在套在灯罩上，而是置于火焰上方。

经过了两百年之后，一个名叫肯克的法国药剂师想出了一个巧妙办法，用玻璃制成的透明灯罩代替不透光的铁皮。根据药剂师的名字，玻璃灯罩的油灯在当时被称为肯克灯。

对此，丹尼斯·达维多夫曾经写道：

瞧，客厅里灯火辉煌：
　　到处点着蜡烛和肯克油灯……

肯克没有想到，既然灯罩是透明的，就可以放置得更低一些——置于燃烧器的上方。

应该又过了33年，瑞士人阿尔冈才想到了这种看上去似乎很简单的东西。

附：**照明**的故事

奇思妙想的灯

就这样，一盏由各个单独部分组成的油灯逐渐形成了：先是盛油的灯盏，然后是灯芯，最后是灯罩。

不过，即使这种有灯罩的灯燃烧起来也不是很好。这种油灯发出的光并不比蜡烛明亮。

脂油被灯芯吸附得不好，比不上煤油——而那时世上还没有煤油。

可以尝试将一张吸水纸在煤油和植物油里浸一下。可以发现，煤油的吸附速度要快很多。

由于灯芯吸附脂油很差，所以火苗很小。

既然脂油不愿主动，就要想方法迫使它融进灯芯里。

152

这个办法是在列奥纳多·达·芬奇之后五十年，由数学家卡尔丹发明。

他改变传统方法，不是将储油器置于燃烧器下面，而是在侧面——这样一来，脂油就可以从上面自动流淌到火焰里，就像水在水管中的流淌一样。

为此，他只好借助一个特殊小管——油管将灯盏与燃烧器连接起来。

为了将油恰到好处地压进燃烧器，另一位发明家卡塞尔想到了使用泵。结果不是灯，而是一个完整的机械装置——泵，它用钟表机芯来启动，以便将油泵进燃烧器中。

巨型的卡塞尔灯至今仍然在灯塔中使用，因为这种灯可以发出非常稳定的光源。

最后，第三位发明家在盛油的容器里安置了一个金属环和弹簧。

弹簧压迫金属环，金属环挤压油，而油受到挤压，便顺着油管流进燃烧器里。

这种装有缓速器的油灯不久前还在使用，我们祖辈们使用的就是这种灯。

附：**照明**的故事

　　相比今天的煤油灯，这种形状古怪的油灯燃烧很差，尽管其构造非常复杂。

　　原因在于，这些灯使用的灯芯有问题。当时的灯芯都是搓捻而成，就像脂油烛芯一样。这种灯芯发出的火苗就像脂油烛一样，仅仅稍大些罢了。难怪这些灯总是冒黑烟：空气无法抵达火焰内部。法国人列让研究出一种办法，灯芯可以不做成圆形，而改成扁平状。这样一来，火焰变成扁平状，空气就比较容易到达火焰的内部。

这种灯芯今天依然使用在小型的煤油灯里。

想出在灯上使用灯罩的阿尔冈，还发明了最好的灯芯。

他的方法非常简单：将扁平形的灯芯卷成筒状。

这样，他改变了燃烧器的形状，空气可以从里外两面抵达火焰。

阿尔冈式燃烧器依然被应用在当今的大型煤油灯里。

我们可以尝试将煤油灯的燃烧器拆开一探究竟。可以看见，里面有一个带很多小孔的顶盖以便空气通过，还有一个安置着灯芯的金属管。

这个金属管壁上留有孔洞，借助它空气可以流进灯芯里面，而从那里——抵达火焰中心。

阿尔冈发明的这种灯大受欢迎。当然也有反对者。一个年老的女作家，名叫德·让丽丝的伯爵夫人抱怨说："自从油灯流行以来，甚至年轻人都开始佩戴上眼镜了。只有借助烛光看书写字的老年人，才有一双好眼睛。"

当然，这并不符合实际。阿尔冈灯丝毫不伤害视力。

最初的路灯

在几百年期间内，从茶壶灯到阿尔冈灯，城市的街道上发生了巨大变化。

最早有照明的街道是巴黎的街道。事情的起端是这样：警察要求临街的一层住户，每天从晚间九点钟开始在窗台上放置一盏点亮的油灯。

不久之后，就出现了这样一些人，他们手执火把或提灯，专门为人有偿提供行路照明服务。

又过了几年，巴黎就出现了路灯。

这是一个重大事件。路易十四国王为此颁布法令铸造纪念章。

外国的旅行者们兴奋不已地描述灯火辉煌的夜巴黎给他们留下的深刻印象。

据说，由于路灯的出现，路易十四在位期间被称为"辉煌时期"。

读一读当时人们撰写的回忆录，会让人觉得非常有意思。

我面前就有这样一本书，符合当时的时尚，具有很长的一串书名：

巴黎游记

给予有身份游客的忠告，

如果他们置身巴黎，

打算更好地支配自己的时间和金钱，

他们应该怎么做。

咨议

瓦尔德克·约阿希姆·克里斯托弗亲王殿下

赫梅茨

巴黎·1718

在这本书的其中一页里，可以读到下面的字样：

"每到晚上，人们可以放心地置身于大街上，直至夜里十点或者十一点钟。随着夜幕的降临，路灯工人将街上和桥上的所有路灯都点燃起来，这些灯一直会点燃到夜里两点或者三点钟。

附：照明的故事

这些路灯等距离用铁链悬挂在街道中央，形成了一道特别的景致，尤其是站在交叉路口望过去。

临街的很多店铺、咖啡馆、酒馆和烟店营业到夜里十点钟或十一点钟。这些商家的窗子上都点燃着很多蜡烛，烛光将街道映照得非常明亮。所以，只要天气晴朗，夜里街道上的行人众多，如同白天一样。

这些行人熙攘、热闹非凡的街道上几乎从未发生过抢劫和凶杀。可是，我不敢保证，您在一些小街小巷不受到侵犯。我建议人们夜里最好不要出门。

尽管街道上有骑警巡视，仍然时常发生他们注意不到的事情。

前不久的一天夜里，里士满公爵的马车就被逼停在离新桥不远的地方。其中一个歹徒冲进马车，用短剑刺伤了公爵。

夜里十点或十一点以后，即使花大价钱也雇不到椅轿或者出租马车。

最好随身带一个仆人，让他手执火把走在前面。"

1765 年， 巴黎的街道上出现了一种新型的"反光"路灯，这是一种代替脂油烛的油灯，上面装着明亮的反光板。这种反光板现在依然可以在煤油灯上见到。

这种新式路灯使用了很多年。其中有一盏——位于瓦涅里街和戈列弗广场转角处，在法国革命期间声名远扬。巴黎的起义者们将国王的官吏和大臣悬挂在它的上

159

面。一个修道院院长被人们拖到灯柱下，幸亏一句话保全了他的性命：

"很好，请把我挂上吧。这么做会让你们觉得灯光更明亮？"

巴黎点燃路灯二十年之后，伦敦的街道也开始变得明亮起来。一个名叫爱德华·戈明的聪明人，每隔十户住家安装一盏路灯，并且只收取很少的费用。

事实上，他不是每天夜晚都点燃路灯，而是在没有月光的夜里，并且不是全年，只是在冬季，而且不是整个夜晚，只是从晚上六点到夜里十二点。

他的建议还是受到人们的热烈欢迎。他被称作天才的发明家，人们说："所有其他发明家的发明，比起这位的功劳简直不值一提，正是他让夜晚变成了白昼。"

一百年前，俄国街道上的路灯还是油灯。

果戈理在其小说《涅瓦大街》里，向我们描述了当时彼得堡的街道情形：

> "……黄昏刚刚笼罩在房屋和街道上的时候，身着粗衣的更夫便爬上梯子，逐个点燃路灯……这

时，涅瓦大街又变得生气勃勃，开始活跃起来。此时此刻，开始了一段神秘的时光，路灯将一切罩上某种不可思议、具有魔力的光芒。

……一些长长的影子顺着房屋的墙壁和马路不停地闪动，几乎要抵达波里采依桥了。

……看在上帝的面上，离路灯远一些吧！尽量快点走开，赶紧离开这里。如果不让路灯上难闻的油点溅落在您的燕尾服上，那就是万幸了。"

煤气灯与煤油灯

烛台中的气体厂

一百年前，人们在牛脂烛或油灯的昏暗光亮下度过夜晚的时光，这段时光让人感到兴趣索然。看书很吃力，如果书上的字体小，干脆就无法阅读。

油灯点燃之后，开始时燃烧得很好，可是一个小时之后，火苗便开始逐渐变小。黏稠的菜籽油难以被灯芯吸附，因此灯芯就会烧焦。大约每隔两个小时，就需要再重新点燃。

人们开始考虑用别的东西替代菜籽油。

于是，一种新的可燃物应运而生。

在这之前的几千年期间，木柴——引火木——一直被液体油所替代。

这一次，这种液体油又被一种气态物质——灯用煤气所替代。

这怎样可能在灯里燃烧呢？又从哪儿可以弄到它呢？

如果吹灭蜡烛，可以看见顺着灯芯冒出一股白烟。

这股烟用火柴可以点燃。火苗顺着烟雾从火柴烧到灯芯，于是蜡烛又点燃了。

一支烛——这就是一个微型气体厂。由于加热，硬脂或脂油首先熔化，然后变成气体和水汽，就是我们吹灭蜡烛时看见的东西。

燃烧的气体和蒸汽——这就是火焰。

灯里发生的正是这种情形。油脂或煤油变成气体和蒸汽，燃烧形成了火焰。

第一座煤气厂

有个人产生一个这样的想法，可燃气体可以不需要在灯里获得，而取自气体厂，后者可以通过管路将成品可燃气体输送给燃烧器。不过，为了得到这种气体，他选取的不是油脂或油，而是造价更便宜的煤炭。

这个人名叫威廉·默多克。正是他在英国制造出了第一台蒸汽机。

默多克一开始是个工人，之后在布里顿和瓦特的工厂——第一个蒸汽机制造厂当工程师。

依托这家著名工厂，默多克建立了自己的煤气厂。

事情做起来并非那么简单。

默多克明白，若想获取可燃气体，需要给煤炭加温。可是一旦煤炭加温，它就会燃烧，结果任何气体也得不到。

如何才能摆脱这种怪圈呢？默多克轻而易举就解决了这道难题。

他开始不在敞盖的熔炉里加热煤炭，而使用密封熔炉——"转炉"，空气无法进入其中。没有空气可燃气体就不会燃烧，就可以通过管道将其送往任何地方。可是还有一道难题。

从煤炭中得到气体的同时，也产生了焦油蒸汽和水。可燃气体从转炉里出来后，它就逐渐冷却，蒸汽于是凝结成了液体。

如果这种形态的气体进入管道，管道很快就会堵塞。要避免出现这种情况，人们在煤气厂就尽量仔细地将气体与焦油和水进行分离。为此，气体经过一个冷却器进行冷却，就是通过一系列的垂直组管，这些组管从外部借助空气或水进行冷却。蒸汽和水在冷却器中进行凝结并向下面流淌，而气体则继续前行——直达燃烧器。

与默多克同时从事气体照明实验的还有一个法国人，名字叫勒庞。

1811 年，一本名称是《最新发明、发现和改进汇萃》的杂志刊登了一篇简讯，内容如下："勒庞先生在巴黎已经证实，精心收集起来的烟可以产生可爱的热量和明亮的光芒。他对自己的发明做了试验，除了七个房间之外，它还照亮了整座花园。发明者将自己的发明物称作取暖灯，也就是热光。"

发明出一个气体燃烧器并不像发明一盏灯那么困难。只要在输气管的顶端安放一个小装置，上面留有供气体溢出的孔洞，就可以得到明亮的火焰。

过后不久，人们想到，这种情形下应该使用阿尔冈发明的燃烧器。阿尔冈发明的气体燃烧器上并非只有一个孔洞，而是许多小孔洞呈环状排列。空气可以顺畅地进入燃烧器内部。如同普通的灯具一样，燃烧器上有玻璃灯罩。

气体照明出现之前，油灯的构造已经非常完美，气体燃烧器发明者们要做的仅仅是使用现成的样本即可。

煤气给当时人们带来的震撼，就如同我们这个时代发明无线电和飞机引起的震撼一样。

人们谈论的都是煤气。报纸上也连篇累牍地报道："白天和夜间都可以在房间里燃起火焰，不需要任何人来照看。它还可以悬挂在天花板上，能更好地照亮整个房间，既不会投下烛台般的阴影，也不会冒出黑烟。"

当时许多幽默杂志上，可以看到许多描写煤气照明的诗句、漫画和讽刺画。

附：照明 的故事

其中一幅讽刺画上———一位优雅女士，身旁站着一个肮脏的女乞丐。这位女士的肩上不是头颅，而是一盏明亮的煤气灯，而女乞丐的肩上——则是一盏昏暗的油灯。

另外一幅画上——是一盏正在两条纤细长腿上舞蹈的煤气灯，旁边则是一支牛脂烛，显得臃肿而丑陋。这支烛的下面，就像在一棵树的下面，坐着两个人：一个老头在看一本书，旁边的女士在用织针织袜子。他们在昏暗的烛光下感到很无助。融化的脂油滴落在他们两人的头上。

在彼得堡，最早的煤气灯出现于 1825 年：使用它们为总司令部照明。

在四十年代，外商商场使用煤气灯来照明。

小店铺一直没有使用煤气灯——担心发生火灾和爆炸。

现在，所有大城市都有煤气厂。

煤气在铺设于街道地下的管道里输送，就像水在水管里输送一样。

差别仅仅在于，水塔尽量建得高一些，以便水具有足够压力，可以到达高层住宅。而煤气厂则要建在城市的最低处。煤气很轻，上升比下降更容易。

煤气不仅仅用于照明。我们这里和国外的厨房都普遍使用煤气灶。

服饰华丽者、鞋匠和仆人

街道上已经使用煤气灯照明，可是房屋里依旧一片黑暗。使用煤气为房屋照明费用太贵。而油灯和蜡烛燃烧的效果令人很不满意。

据说，作家别林斯基的书桌上就放着一盏油灯，然而他却从未点燃过，因为忍受不了燃油的气味。他总是在两支烛光下写作。

如何寻找到新的、最好的照明材料，这个问题还是没有解决。

所以，人们放弃寻找新材料，开始尝试改进已有的旧东西。

人们发现，摸上去柔软油腻的脂油可以做成美观漂亮的固体蜡烛，这种蜡烛不会弄脏手，燃烧过程既不淌油，也不产生烟黑。

要做到这些，只是需要将脂油净化，说得更准确些，就是从中分离出最好、最坚固的部分——硬脂精。

脂油由两样物质构成：甘油和脂肪酸。

而脂肪酸并非都一样。其中一部分硬的——这是硬脂精，而另外软的——这是混脂酸。

若想从脂油中分离出硬脂精，首先需要去除甘油。为此需要将脂油放在水和硫酸里熬煮。

脂肪酸漂浮在上面，而甘油与酸水存留在下面。

然后，压榨机将硬脂精从混脂酸中榨出来。这样就得到了紧实的饼状硬脂精。接下来就是将其熔化并浇制成蜡烛。

硬脂蜡烛发明于法国。很快，整个欧洲便开始出现了硬脂蜡烛厂。

俄罗斯的彼得堡也创办了硬脂蜡烛厂——涅瓦硬脂蜡烛厂。

这种新型蜡烛颇受欢迎。

又怎么能不喜欢这种蜡烛呢？

可以将这种新式蜡烛与牛脂蜡烛作一比较。

下面这段关于硬脂蜡烛出现的话源自 B·佩洛夫斯

基，他是革命家索菲亚·佩洛夫斯卡娅的兄弟：

"那时，晚上房间里都是使用牛脂蜡烛照明。就连赌博的牌桌上也是放着这种蜡烛。方便随时修剪烛芯上的烛花，托盘上特意放着一把剪子。烛剪和托盘往往是银质的。

我们晚上在房间里也是在这种烛光下做事。

有一天，父亲到彼得堡出公差，回来时带了一种新奇的东西——一整箱硬脂蜡烛。

在随后到来的节日里，即12月4日母亲的命名日那天，我们举行了一个舞会。所有的房间和跳舞大厅都被插在枝形吊灯以及托架上的硬脂蜡烛照得非常明亮，这种场景产生了非同寻常的效果，正因为这样，欢庆舞会上嘉宾云集。"

一本老旧杂志上有这样一幅画：

正中间是两位服饰华丽的骑士和女士，外形酷似硬脂蜡烛，两人的头上顶着硕大的蜡烛。右面——站着一个衣衫褴褛的鞋匠，头上顶着牛脂蜡烛。脂肪滴落在他的破衣烂衫上，形同冰柱般悬挂在鼻子上。左边——是一个头顶蜡烛的仆人，手里拿着一根长长的木棍。这种木棍用于点燃脂油吊灯。

牛脂蜡烛和脂油烛一直冒着黑烟，而硬脂蜡烛发出既明亮又欢快的火焰。

要想弄懂这幅漫画的含义，就应该知道，那个时代仆人和鞋匠被认为远远不如一个衣着华丽、头脑简单之人。

问题其实很简单

蜡烛问题终于解决了，而灯的难题依然让人头疼。

无论人们怎么费尽心机和绞尽脑汁，安置多少弹簧和泵，灯燃烧起来依然效果很差。

尽管对灯的构造做了多次改变，可是它的燃烧效果还是不见起色，因为问题并不在灯的构造，而在于燃料。

人们一旦获知从石油中可以提取煤油——而这是在上世纪中叶发生的事情——所有的障碍立刻就消失不见了。

发明所有的巧妙装置，就是为了让燃料可以更好地燃烧，尽管其天然就燃烧不好。

煤油则是完全另一回事。它比脂油更容易被灯芯吸附。所以，煤油灯的发明人，美国人西里曼不需要想出任何新东西——将旧式灯中所有的多余部分去掉就可以了。

他扔掉了所有的泵和弹簧——用来将油压进灯芯里的东西。

事情常常是这样：人们绞尽脑汁，想出各种复杂的装置，而后来却发现，问题其实很简单。需要的是找到解决问题的钥匙。

这把钥匙就是煤油。

没有火焰的灯

火钩与灯

火钩——不是灯。所有人都知道这一点。

然而，却可以让火钩发出光亮。只是需要将它在火炉中多放一些时间就可以做到。加热之后，火钩将会变得越来越热，直至变得通红。

如果我们继续加温，火钩就会从深红色变成樱桃红色，然后变成亮红色、黄色，最后变成白色。

普通住家的炉子里，火钩不可能达到白炽色。这需要极其高的温度，普通温度计无法测量：1300度。

我们以蜡烛或灯为例，无论何种样式——电灯、煤气灯、煤油灯或任何形式的灯——所有这些灯的发光原理跟火钩一样：由于炽热而发光。

在蜡烛或者油灯的火焰里，存在着发光的碳微粒，就像太阳光线携带着微粒一样。通常情况下，我们并看不见它们。只有当油灯冒黑烟时，它们才可以看见。

烟炱——令人厌恶的东西。可是，假如火焰中没有烟炱——尚未燃尽的微小炭块——则更加糟糕。

例如，酒精的火焰不冒烟，然而也几乎没有光亮。

可见，实质性的东西就在于炽热的碳。需要火焰就是为了将碳烧炽热。然而，不用火焰也可以使碳变得炽热，例如使用电流。电灯的首位发明者正是这样做的。

没有火焰的灯

如果告诉一个生活在100年前的人，将来会发明出没有火焰的灯，他觉得这完全不可能。

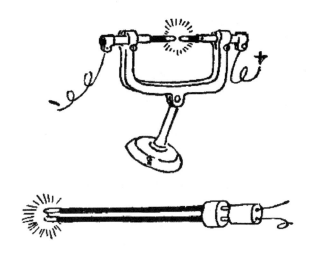

而当时，人们在实验室里已经进行了利用电来发光的初次实验。

就像现在，或许在某个安静的实验室里，就有不知名的发明者正在从事着我们并不清楚的伟大发明。

第一盏没有火焰的灯是俄罗斯科学家瓦西里·弗拉基米罗维奇·彼得罗夫所发明。

他的工作实属不易，那时对电流知之甚少，而且人数也很少。当时并没有获取电流的机械，更没有电站。

实验室里获取的电流是借助原电池电池组。

这个费解的概念最好别让您感到莫名其妙。您大概

附：**照明**的故事

在轻便式手电筒里或者门厅的墙上——电铃旁边看见过这种东西。

电池中的电流通过导线通到灯里或电铃上。

而通过另一条导线再回到电池里。电池——就像一个泵。泵使得水沿着管道流动，电池则是让电流沿着导线输送。

电流从电池输出通向电线的端子称作正极，符号标志是"+"，而电流回流到电池里的端子——是负极，符号标记是"-"。

为了获取强大电流，将这样几个电泵组合在一起——就形成了电池（或原电池）电池组。原理就是这样。

有一天，彼得罗夫做了这种实验。他运用两根碳棒，其中一根用金属丝与正极相连，另一根与负极相连。当他将两根碳棒的端头靠近时，电流越过空中的间隔从一根传到了另一根。

碳棒的端头被烧至白热，两根碳棒中间便出现了火弧。

如果我们更加仔细地观察这个火弧，就会看到炽热的碳粒子流从正极跨越到负极。正极的碳棒上因此形成一个凹陷，而负极棒上——形成一个凸起。两个极棒间的距离变得越来越大，因为碳棒有些烧蚀了。为了使火弧不熄灭，需要不时地将两根碳棒彼此靠近。这个弧称作伏电弧——以纪念一位名叫伏特的电学奠基人。

就像煤油灯或煤气燃烧器中的火焰一样，白炽化的碳在电弧中发出光芒。区别仅仅在于，在这里碳的加热不是用火焰，而是借助电流。电弧本身发出的光很少。

彼得罗夫撰写了一本书介绍自己的实验。根据当时的习俗（这是1803年的事情），这本书的名称很长：

"这是有关物理学教授彼得罗夫·瓦西里·弗拉基米罗维奇所做的电弧实验，这个实验借助特别巨大的电池组，有时由4200个铜圈和锌圈组成，该实验在圣彼得堡医疗手术学院进行。"

在这本书里，彼得罗夫这样描述电弧：

"如果将一根碳棒靠近另一根，它们中间就会出现非常明亮的白光或火焰，两根碳棒因此就会或快或慢地燃烧起来，平静的黑暗因此可以被照得明亮。"

这就是关于电照明的第一个词。

可是，这个词谁也没有听说过。在落后的农奴制俄罗斯，很少有人对科学感兴趣。而在国外，俄罗斯科学家的著作干脆就没人阅读，也无人知晓。

彼得罗夫之后过了 30 年，英国科学家戴维第二次发现了电弧。鉴于他对科学的巨大贡献，戴维获得了男爵称号，开始称其为汉弗莱·戴维爵士。戴维的发现享誉全世界。

而我们俄罗斯这位伟大的物理学家的命运则完全不同。他的发明无人知晓。而他本人突然间被莫名其妙地免职了，如同玩忽职守的官员一样。他生命的最后时光是在"退休的科学家"状态中默默无闻度过。

构造复杂的灯再次出现

起初，电弧仅仅是一项有趣的科学实验而已。将它用于照明不可能，因为碳棒燃烧得非常快速。

大约三十年之后，有一位科学家用固体焦炭替代木炭。焦炭——这是一种残余物质，是煤气工厂从煤炭中生产煤气时产生的。

　　焦炭燃烧得比煤慢。但是，为了使弧光灯燃烧得更好，需要发明一种装置，可以使正负极两根碳棒相互靠近。于是，灯具中又出现了钟表机构。这一次，他需要的是让碳棒的端头逐渐并均匀地接近。

　　带有钟表机构的弧光灯尝试用于巴黎街道的照明。照亮了一个广场，但是这个想法成本太高，只好被迫放弃。

　　德国科学家格夫奈·阿尔捷涅发明了一种可以将碳棒靠近的巧妙方法。他的弧光灯构造复杂，解释起来既费时又困难。关键一点在于，他在灯中放置了磁铁，当需要的时候，它可以吸住连接两根碳棒其中一根上的铁片。两根碳棒间的距离变小了，于是灯就可以持续发光了。

"俄罗斯之光"

　　大约 60 年前，电照明称为 «la lumiere russe»（法语）——俄罗斯之光。因为首先将弧光灯应用于街道照明的人，是俄罗斯人——亚布洛奇科夫一家的发明。

附：照明的故事

　　亚布洛奇科夫意识到，碳棒不应该上下垂直放置，而是平行并排放置。为了不让碳棒端头的间距发生变化，他开始让电流时而流向一面，时而流向另一面。这时，其中的一个碳棒变成正极，并燃烧得更快，然后是另外一个碳棒变成正极。这样，两根碳棒可以同时快速地缩减。

　　这一对放在一起的碳棒，就像蜡烛一样燃烧均匀。碳棒之间分隔着一层黏土或石膏，这个隔离层逐渐蒸发：因为蜡烛燃烧散发出高温。

　　亚布洛奇科夫的"蜡烛"发出漂亮的浅红色或紫色的光芒。1877年，巴黎的一条主要街道就是用其照明。

没有火焰的灯

　　曾经有一段时间，人们绞尽脑汁试图让灯光更明亮些。

　　几百年之后，发明者们却不得不思考相反的问题。

　　问题在于弧光灯的灯光过于明亮了。

　　不可能将一盏六百烛光照明度的灯放在书桌上。这可能会损伤眼睛，况且花费很大！人们开始思考，如何才能做出光线不这么明亮的电灯。

人们马上意识到，电流可以非常简单地让碳棒变得炽热，而不用任何电弧。

如果让电流通过薄薄的碳棒，碳棒就会变热。温度达到 550 度时，碳棒就会开始发光。光开始时是红色，然后逐渐变白，最后在非常高的温度下，就不再变白了。总之，就像我们在火炉里烧热火钩时发生的情况一样。

人们尝试让电流通过细碳棒，碳棒立刻被烧毁，灯随即逐渐熄灭了。为避免出现这种情况，需要一开始就从灯中抽出空气，或者填充进去不易燃烧的气体，例如氮气。

煤油灯或者油灯都需要空气，如同人离不开空气一样。没有空气就无法燃烧。

电灯中的情形则相反——空气只会造成干扰，因为不需要火焰，也不需要燃烧。要知道，电灯中碳的加热方式不是火焰，而是电流。

一般认为，第一个使用碳丝的灯是美国著名发明家托马斯·阿尔瓦·爱迪生所发明。

附：照明的故事

爱迪生本人也是这么认为。在向美国报刊记者告知其发明时，爱迪生声明道：

"当世界了解我的这种照明方式的实质时，一定会惊讶不已：这么简单的东西为何之前竟然没有人想到。"

但是爱迪生错了。早于爱迪生五年，世界上就有人发明了白炽灯。

这个人就是彼得堡大学的学生亚历山大·尼古拉耶维奇·洛德金。

佩斯基发生的事情

1873 年，彼得堡的佩斯基（现在这里是苏维埃街区）发生了一件不寻常的事情。事情发生在晚间。街路上空无一人，一片寂静。路旁带有托架的木制灯杆上，

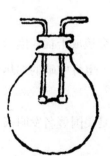

煤油灯的黄色火光在浑浊的玻璃罩中闪烁着，不断发出啪啪的声响。

煤油灯的火苗向上伸出狭长的火舌，仿佛想将街路照得更亮些。可是，火苗拉得越长，外凸的灯罩玻璃上就更快地蒙上一层烟黑，而

且路灯工人们很长时间都没有擦洗过。因此，油灯周围变得更加昏暗。

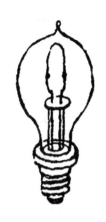

突然间，在这些颇像墓地十字架的路灯中，骤然发出了几乎如同白昼的亮光，仿佛街上燃起一个小太阳。

行人纷纷停下脚步，惊讶得目瞪口呆。从小铺里出来一个男孩，只见他头上顶着个篮子，高举双手扶着头上的篮子朝这道耀眼的亮光跑去。

明亮的灯光持续照耀着，将聚集在下面人们的脸都照亮了。

就这样，1873年路灯中的煤油灯第一次被替换，以便试验洛德金发明的白炽电灯。

不过，这种灯发亮的时间短暂——没有持续到夜晚结束。问题在于灯泡密封不好，里面进去了空气，因此碳灯丝烧断了。

实验完成了，不过并未完全成功。

附：照明的故事

洛德金再次进行研究。他改变了灯的结构。

1875年，经过洛德金全新改进的灯把彼得堡莫尔斯卡亚大街上的弗洛兰商店映照得灯火辉煌。这是世界上第一个用电灯照明的商店。洛德金研制的新型电灯其使用寿命长于先前的：它们可以整整使用两个月。不过，它们的缺点是结构过于复杂。

每个灯泡中有四个碳丝。其中一个碳丝烧坏了，另一个可以代替。

更加简单和耐用的电灯由爱迪生所发明。

"爱迪生灯"

爱迪生放在灯泡中的不是碳棒，而是碳化竹丝。为了不让细丝在加热时烧断，爱迪生比洛德金更细心地抽出灯泡里的空气。

要弄明白他是如何做到的，应该查看一下电灯泡。

我们在灯泡上面看到的灯尾——这是玻璃管的豁口，通过它用泵将里面的空气抽空。当抽出空气的时候，玻璃管受到火焰的猛烈熏烤。玻璃管尾端出现爆裂，而留在灯泡尾部的豁口需要焊封严实。

就是采用这个方法，爱迪生成功地使灯的使用寿命达到800小时：这意味他的灯可以点亮800个小时而不会烧坏。

"爱迪生灯"最先被用在《哥伦比亚号》船上。

这之后不久，第一批电灯泡很快便运抵欧洲——有一千八百个。

煤气与电的抗争

电灯问世以后，所有人都开始说，煤气的末日到了，更别说煤油了。

事实上的确如此，电不产生黑烟，不污染空气，发出的光是明亮的白光。

如果电线安装妥当，使用电进行照明并不会发生火灾。

而且主要的是，煤气要比电贵上两三倍。

那些不愿意关闭煤气厂或煤油厂的人，开始寻找出路——想办法改良他们的灯，以便在与电的抗争中取胜。

他们采取针锋相对的方法开始跟电灯进行对抗。

电灯里的碳丝发出明亮的白光，因为它燃到了炽热化的程度。

可见，一切都在于燃烧的炽热程度。

于是，煤气和煤油的拥护者们想出一个主意——在火焰上面放置一个金属网，这个网只有在非常高的温度下才会融化。

这种网烧到炽热的程度后，就可以发出明亮的白光。

这种网以其发明人的名字命名，叫作奥尔·奥尔罗夫斯基。

煤气获得了几年时间的胜利。煤气照明的费用相比以前便宜了一半。

这是怎么一回事呢？

因为气体燃烧器燃烧得比以前明亮。

过去需要两盏灯的地方，现在只需要一盏就足够了。煤气的消耗量减少了。

可是，电的拥护者们同样没有坐以待毙。

他们决定研究出更加明亮，而且还要更加便宜的光亮。

要做到这些，只有一个方法——让灯丝燃烧得更热。因为温度越高，光就越亮并且更白。还记得火钩身上发生的情形吧。

可是，这里有个小小的难题。如果碳丝烧得过热，它就会变成蒸汽——"烧断了"，就像通常的说法。

看来，应该寻找另一种物质以取代碳丝。

只好借鉴煤气支持者们的某种东西。

与以前的燃烧器不同，新型煤气白炽灯的光源不是来自烧得炽热的碳棒，而是来自耐火材料制成的奥尔网，这种网可以耐高温。既然这样，为什么电灯不可以将碳丝换成耐热丝呢？

起初，人们尝试用锇来制造灯丝。这是一种熔点很高的金属。可是锇质灯丝不够坚固。又尝试使用另一种金属——钽，最后采用的是钨。

钨在所有金属中最耐热。其熔点温度可达 3390 摄氏度。

我们的电灯就这样诞生了。

让人颇感兴趣的是，每一种新式灯都借鉴了其竞争对手——老式灯的所有优点。

煤气灯和煤油灯就从脂油灯身上借鉴了阿尔冈燃烧器的所有优点。

碳丝电灯则从煤气灯和煤油灯身上借鉴了高温加热碳棒的方法。

就这样，煤气灯将碳棒从火焰中淘汰了，用奥尔网取而代之。

与之对应，电灯也淘汰了碳丝。

节约能源的金属丝灯泡应运而生。

就这样，一位发明者继续着另一位发明者先前开创的事情。

煤气、煤油和电的价格竞争折射着照明的整个历史。

使用旧式分体燃烧器照明最为昂贵。更年轻的圆式燃烧器稍微便宜一些。

使用煤油灯照明则要便宜三分之二。但是，最为便宜的是最后问世的电灯、煤气白炽灯和煤油白炽灯。

煤气和电，哪一个更好呢？

煤气并不比电贵，煤气可以发出明亮的白光。点燃它也很简单。为此，人们完全不用爬上梯子用火柴去点燃悬吊在天花板下面的煤气灯。

现在，煤气燃烧器中有电子点火装置（没有电不行！）。

煤气不仅可以用来照明，还可以用来取暖和做饭。

无论国外还是俄罗斯，现在已经有了使用方便的煤气灶、煤气炉和热水器。

也出现了用于做饭的电器——电饭锅、电茶壶和电煎锅。

电在很多方面都要优于煤气。

如果煤气管出现漏洞，煤气泄漏进房间里，里面的人都会煤气中毒。

可能发生更加严重的事情。

如果煤气泄漏很多，跟空气混合在一起就会极易发生爆炸。

附：照明的故事

此时点燃一根火柴，整座房子都将爆炸。

使用电照明，既没有煤气中毒，也不可能发生爆炸。

即使一切正常，煤气也会污染房间里的空气。不仅仅是煤气，任何一个燃烧发光的灯都是如此。

因为燃烧需要空气。新鲜空气进入灯里，出来时已经是被污染的废气。

我们呼吸时发生的情形也是这样：我们吸入新鲜空气，呼出的则是废气。

一盏二十五烛光照明度的煤油灯，一个晚上大约要耗费二十五公斤的空气。同样时间内，一个人吸入的空气仅有三公斤左右。就是说，一盏煤油灯所需空气等于八个人的需求量。

显而易见，房间里人越多，呼吸就越困难，因为新鲜空气变得越来越少。而电——则是另外一回事。

我们所有人总是习惯性地说"点"电灯。

事实上，电灯里并没有发生任何燃烧——就是说，不存在污染空气。

电还有一个明显的优点。

电流可以通过输电线路输送到很远的地方——数百公里。

一座大型电站可以让整个地区灯火辉煌。

毫不奇怪，现在到处都在使用电。它在社会主义国家苏联取得了巨大胜利。苏维埃政权建立的二十年间，发电量增长了十七倍。仅仅第聂伯水电站就比整个沙皇俄国时期的发电总量还多。电照亮了我们的房屋和街道，电帮助我们工作。

二十年前还在用引火木照明的俄罗斯广大乡村，现在已经广泛使用伊里奇灯照明。

需要点火的电灯

早在节约能源的电灯问世之前，有位名叫赫斯特的科学家发明了一种非常有意思的灯。

他不使用金属灯丝，而是用氧化镁棒取代碳棒。

氧化镁——这是一种不会燃烧的物质，就是说，它不受空气影响。需要的就是这个。

但麻烦在于，氧化镁只有在加热时才会导电。

赫斯特最初发明的这种灯，需要使用引火棒点燃，就像煤油灯的使用一样。

后来，赫斯特又发明了一种比较方便的点灯方法。

赫斯特灯很少使用，因为费用太贵。

世界最大的灯

不久之前，一位科学家发明了一种弧光灯，其功率等于二十亿烛光照明度。

如果将这盏灯置于距地球表面三万米的高空，它就像一轮圆月发出的亮光。即使它位于月亮一样遥远的位置，仍然可以用肉眼看见它，就像一颗遥远的星星。这盏灯里的碳棒加热到七千五百度，就是说比太阳还热，太阳表面的温度刚好六千度。

这盏灯的直径——整整两米。

光的征服者

与热抗争

古时候，炉火被人们同时用作取暖、照明以及做饭。

当然，这既不方便，也不划算。

假设您需要光亮。

那就请便吧。然而，夏天的晚上您也必须待在炉火灼热的房间里。而且还要耗费大量柴禾为住所照明。

人们一直在寻找新的和更好的东西。长达几千年期间，人们一直忍受着这种极不方便的炉火，最后终于意识到了，光和热应该分离开，灯和火炉也是一样。

人们不再使用炉火照明，而开始点燃引火木。

引火木的火不像炉火那么灼热。不过，它发出的热量也足够多。将光与热分离开绝非一件易事。人们为此研究了几千年，现在仍然在研究。

我们的现代电灯，就像简单的原始引火木，不仅发光，而且也发热。

不错，电灯不会让房间变得炎热，但是，只要伸手贴近它，就会感觉很热。

为什么我们无法将光和热分离开呢？

原因非常简单。

要得到光，就需要把某种东西变得炽热。在电灯里，我们让碳丝或者金属丝变得炽热；在煤气灯里——

是奥尔网，在煤油灯和脂油灯里——则是火焰中的碳素微粒。

然而，任何炽热燃烧的物体，无论是电灯里的灯丝还是普通火钩，发出的不仅有看得见的光，同时还有看不见的热。

为了摆脱我们并不需要的热，必须要在照明上进行真正的革命：不是依靠高温加热获取光（总是同时发出热），而是采用其他办法。

可是，真的需要跟热射线抗争不成？

要知道，电灯泡发出的热量完全微不足道。这对我们不会产生丝毫影响。

这里问题完全不是我们舒服与否，而是我们根本就不需要这些热射线，况且它们成本很高。

假设电灯发出的仅仅是光线，完全没有热射线，我们的照明成本则要比现在便宜很多。

我们在电站就可以耗费更少的燃料。

获取光亮费用昂贵，不仅因为现在的电灯还有缺陷，而且现在的电厂也存在种种问题。蒸汽锅炉、蒸汽机、电流发电机以及输电线——这些环节都会导致宝贵能源的流失。到达一盏电灯里的能源只是燃料包含的五分之一。而且这五分之一中只有百分之一转变为光。事实证明，我们花费五百卢布的煤炭钱，仅仅得到一块钱的光。

世界上最好的灯

有一种灯，只是发光，并不发热。

这种世界上最好的灯，您在夏夜的草丛中或许看见过不止一次。

这种灯——就是萤火虫。真是让人不可思议，这小小的萤火虫发出的光不但优于我们发明的灯，而且也好过太阳。

太阳发出的热比光多五倍，而萤火虫只发光。它发出的光——属于冷源光。假如萤火虫发出的光是热的，它自身早就烧焦了。萤火虫还有一点胜过太阳：它发出的光远远优于阳光。

阳光或电灯光我们感觉是白色的。实际上，这种光由红色、橙色、黄色、绿色、浅蓝色、蓝色和紫色这些彩色射线混合组成。

附：照明的故事

有时候，太阳光线分散成单独的彩色光线。

我们所有人都经常见过这种情形，当阳光经过镜子边缘时，它就会分散开来：墙壁上于是会出现一道多种颜色的彩带。

彩虹——这同样是被分散的太阳光线。

并非所有颜色的光都对视觉有益。红色光就让我们感觉昏暗。因此，没有人在红色光亮下工作。

眼睛对绿色光更为敏感。因此，工作灯的灯罩通常都是绿色。

高温情形下总是呈现很多红色光。

当我们烧火钩的时候，刚开始它发出红色光，然后出现其他颜色的光，最后变成白光——所有颜色的混合光。

温度越高，昏暗的红色光就比其他色彩的光越少。

因此，为了让灯光变得更亮，发明者们竭力让电灯丝尽量变得更炽热，气灯里的奥尔网也同样如此。

节省能源的电灯发出的光比碳丝灯更白更亮，因为我们可以让金属灯丝比碳灯丝产生更高的温度，而碳灯发出的光要好于煤油灯，就是这样——直到篝火的红色火光。

但是，节省能源的电灯仍然会发出很多红色光。在这种光线下长时间工作对眼睛有害。

若想同时规避热线和红色光线，就需要放弃高温炽热。

萤火虫发光而并不发出任何热量。它几乎不发出红色光线。所以，它发出的光令人感觉非常舒适。

大洋深处有很多鱼也发出"冷光"。将来的发明家们肯定要研究这些鱼和萤火虫的发光原理。

如果一旦成功研究出隐藏在这些发光生物身上的秘密，照明的质量将会比现在更好，成本也会更便宜。

这方面，科学家们已经取得了一些成果。一篇杂志上刊登了这样一则消息，有些化学家已经从萤火虫的身体里获取两种物质——荧光素和荧光素酶，将这两种物质混合起来，它们就开始发出光亮。谁会晓得，将来我们可能大量获取这些物质。那时，我们房间的照明将不再是灯，而是人造萤火虫。

从篝火到电灯

伴随我们度过夜晚时光的电灯，并非一个人所发

附：照明的故事

明，而是不同国家的很多人在不同时间内研究出来的。

一个人根本无法完成如此数量的实验，全部时间都花费在科学研究上面，或者改变可燃材料，或者完善灯的构造，或者创新获取光的方法。

这项庞大的工作不是一个人所为，而是出自成千上万的人。

一个实验导致另一个实验，一项发明引起另一项发明，所有人都共同朝向同一个目标。

这个目标——就是获取一种明亮、省钱和方便的照明。

这项工作很久以前就开始了。科学家们认为，人类早在两万五千年之前就已经学会取火了。

数千年以前，人类就初次尝试用火来代替阳光——发现了获取人造光和热的方法。而不让火熄灭的方法人类学会的更早。人们在森林发生过火灾的地方得到火种，将其带到洞穴，然后，常年将火种放在火炉里，而且不让炉火熄灭。

获取光的办法寻找到了——燃烧。可是问题在于，燃烧什么东西才能得到明亮和便宜的光。

于是，人们开始寻找可燃材料。

树脂引火木中的一切就在于树脂。

因此，人们开始伐树——获取树脂。

人类点起了第一盏树脂灯。但是树脂燃烧得不好。人们又尝试烧脂油，最后是植物油。

不过，植物油燃烧起来也不尽如人意，可更好的燃料暂时还没有。

于是开始研究灯的构造，以便使这些不好燃烧的燃料可以燃烧得好一些。

发明出了各种最为古怪的灯——装配泵的灯、携带钟表机构的灯、装有各种离奇构造的灯。

已经没有继续改进的余地了，可是油灯点燃起来仍然不遂人意：冒烟，点燃两三个小时之后就会熄灭。

于是又开始寻找可燃材料，寻找办法以获取煤气、硬脂和煤油，这些东西点燃起来要比植物油和脂油好。拥有了这些好的可燃材料，就不再需要附加任何古怪装置了。

灯得到简化——那些泵和钟表机构都不再需要了。

可是，最终目标依然没有达到。煤油和煤气——存

附：照明的故事

在不足：有烟、污染空气、容易发生火灾。

最要命的是，想得到光亮就必须点火。

光亮征服者的面前——提出了一项新任务：制造出没有火焰的灯。要知道，加热需要火焰，然而加热的方式不仅仅只有火焰，电流也可以用来加热。

所以，一切又都从头开始：需要找到可以加热的合适材料。

刚开始时，人们尝试使用碳。

可是碳无法加热到白炽程度。

为了得到明亮的白色光，人们尝试加热熔点极高的金属——锇、钽、钨。

然而现在已经清楚了，电灯中获取光的研究并未停止。

面临的挑战是，要尽可能将能量变成光，尽可能减少热的损失。不过，还要避免高温。应该抛弃炽热的金属丝：从白炽灯转成非白炽灯。

这种灯现在已经出现了。

这是一种里面充填稀薄气体的长型玻璃管。当电流经过管子时，玻璃管就开始发出柔和的亮光。里面没有灯丝，发光的不是白炽的灯丝，而是气体。氖气发出金黄色的光，氢气——粉红色，二氧化碳——白色，氩气——淡紫色，氖气——红色。

这种灯管可以做成文字、符号以及图形，作为灯光广告和宣传标语，还可以用来美化建筑物。莫斯科的大小街道上，地铁站的上方到处竖立着这种气体发光管制作的"地铁"红色字样。到了晚间，建筑物的立面显现出闪闪发光的线条轮廓，褪去了白天那种沉闷压抑感觉的形状：在黑夜的映衬下，愈加显得柔和挺拔。而且这种线条轮廓可以任意改变。

将来的房子不仅仅用钢铁、玻璃和石头构建而成，还会使用光。这种发光的房子正在莫斯科建造。这是苏维埃宫。这座大厦一到晚上就会亮起几百道明亮的线条。

不过，这些发光的玻璃管将不仅用来为城市照明和美化。

作为信号灯和标志，它们也可以用来为轮船和飞机导航，还可以用来指挥火车和汽车的运行。氖气管的红色光可以穿透浓雾。很多情况下这种发光管都比白炽灯使用更加方便。

但是，它们经济上更划算吗?

最初的发光灯管结构粗糙——耗能很多。不过随着时间的流逝，它们变得越来越好。现在已经有一种灯管，其耗费的能量就比具有同样亮度的白炽灯低很多。这种灯管充填的是钠气。它们发出柠檬色的黄光。

前不久出现了一种钠灯，它不是管状，而是曲颈瓶的形状。外形上看，它与普通的灯几乎没有什么不同。但立刻就会发现，它没有灯丝。

亮度达到五百蜡烛照明度的钠灯，消耗的能量并不比白炽灯多，而后者的亮度仅为一百蜡烛照明度。

这种发光气体电灯，即所谓的"气体发光灯"——是白炽灯的有力竞争者。现在，许多商店、电影院以及展览馆里已经开始使用这种灯照明。

在英国的克罗伊登机场，飞机降落场地的地槽内都安装着这种管灯。地槽上面覆盖着钢化玻璃。夜幕降临之后，降落场地仿佛环绕着一条火带。这样，在地上做出让飞行中的飞机可以看见的标志。

一百年之后，很难再认出我们这个本来不会发光的黑暗星球了。现在已经出现了供飞机起降用的发光长廊。将来，这种道路将覆盖整个地球。

地球将不必依赖反射之光来照亮，而是凭借自身来发光，就像一轮崭新的太阳。

译者感言

光阴荏苒，转瞬间，四个月过去了。此刻我的心情既兴奋又急切。回想起翻译的日日夜夜，望着眼前的翻译成果，我心中的自豪感油然而生。

在本书的翻译过程中，不仅我的翻译水平有了很大提高，而且我也学习了很多科学知识。其中，伊林用简单、通俗的语言为大家讲述了灯的发展史。他把灯称作"桌子上的太阳"，用以启发孩子们的思考。他图文并茂、简单易懂的著述风格，吸引了无数孩子们的目光，让读者百看不厌。

伊林作品是科普作品的典范，对我国科普创作界影响巨大。能够承担伊林作品的翻译工作，我深感荣幸，因此我在翻译过程中仔细揣摩，认真斟酌，努力做到忠实原文，减少差错。

感谢上海科学技术文献出版社为我提供这次宝贵的学习机会，我会继续努力，争取在翻译实践中越做越好。

译　者